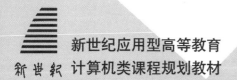

新世纪应用型高等教育

计算机类课程规划教材

（第二版）

Linux操作系统

Linux Operating System

主　编　袁宝华　朱长水

副主编　马　瑾　王　昊　张　晴

U0245144

大连理工大学出版社

图书在版编目(CIP)数据

Linux 操作系统 / 袁宝华,朱长水主编. -- 2 版. --
大连 : 大连理工大学出版社,2020.3(2024.1 重印)
　新世纪应用型高等教育计算机类课程规划教材
　ISBN 978-7-5685-2477-3

　Ⅰ.①L… Ⅱ.①袁… ②朱… Ⅲ.①Linux 操作系统
－高等学校－教材 Ⅳ.①TP316.85

中国版本图书馆 CIP 数据核字(2020)第 021372 号

Linux CAOZUO XITONG
Linux 操作系统

大连理工大学出版社出版
地址:大连市软件园路 80 号　邮政编码:116023
发行:0411-84708842　邮购:0411-84708943　传真:0411-84701466
E-mail:dutp@dutp.cn　URL:https://www.dutp.cn
辽宁星海彩色印刷有限公司印刷　　大连理工大学出版社发行

幅面尺寸:185mm×260mm　　印张:15.5　　字数:358 千字
2011 年 10 月第 1 版　　　　　　2020 年 3 月第 2 版
2024 年 1 月第 4 次印刷

责任编辑:王晓历　　　　　　　　责任校对:李明轩
封面设计:对岸书影

ISBN 978-7-5685-2477-3　　　　　　定　价:45.00 元

前　言

　　Linux 操作系统是一个遵循操作系统界面标准的免费操作系统，支持多用户、多进程，功能强大而稳定。Linux 是在 Internet 开放环境中开发的，它由世界各地的程序员不断完善，而且免费供用户使用。Fedora 奠基于 Red Hat Linux，是一套新颖、功能完备、更新快速的免费操作系统，而对赞助者 Red Hat 公司而言，它是许多新技术的测试平台，其中被认可的技术最终会加入 Red Hat Enterprise Linux 中。

　　在编写本教材的过程中，我们采用循序渐进的方式，在内容深浅程度上，把握理论够用、侧重实践、由浅入深的原则，通过大量的实例让学生分层次、分步骤地理解和掌握所学的知识，让学生能够学以致用。本教材以 Fedora 28 为基础，全面系统地介绍了 Linux 的原理和使用，本教材共 12 章，每章提供了习题并附有相关的实验。

　　第 1 章　Linux 概述。介绍了 Linux 的基本概念、发展以及目前主流的 Linux 版本等内容。

　　第 2 章　安装 Linux 操作系统。介绍了 Fedora 28 的安装、卸载过程以及各种登录方式。

　　第 3 章　图形界面与命令行。介绍了 Linux 图形环境的基本工作原理和基本概念，介绍了 KDE 桌面、GNOME 桌面和 Xfce 桌面。

　　第 4 章　进程管理。介绍了 Linux 中进程管理的相关知识和守护进程、/proc 进程文件系统。

　　第 5 章　Linux 存储器管理。介绍了 Linux 虚拟存储管理的方法以及内存监控软件和交换空间创建的方法。

　　第 6 章　Linux 设备管理。介绍了 Linux 的设备驱动程序的基本原理和组成、磁盘管理的基本命令以及使用 Linux 磁盘配额的方法。

　　第 7 章　Linux 文件管理。介绍了 Linux 目录与文件的基本知识以及文件管理的基本命令。

第 8 章　用户与用户组管理。介绍了 Linux 系统中用户和组的概念以及使用命令和图形化工具来实现用户管理和组管理。

第 9 章　软件包管理。介绍了使用 yum 工具和 RPM 进行软件管理的方法。

第 10 章　Linux 编程。介绍了 GCC 编译器和利用 Eclipse 进行 C++ 和 Java 程序设计。

第 11 章　Shell 编程。介绍了 Shell 编程方法以及一些 Shell 实例。

第 12 章　网络信息安全。介绍了目前常见的网络攻击方式,防火墙的使用以及入侵检测软件的使用。

本教材由南京理工大学袁宝华、朱长水任主编,南京理工大学马瑾、王昊、张晴任副主编。具体分工如下:第 1 章、第 2 章由马瑾编写;第 3 章、第 4 章由张晴编写;第 5 章、第 6 章由王昊编写;第 7 章至第 9 章由朱长水编写;第 10 章至第 12 章由袁宝华编写。

在编写本教材的过程中,编者参考、引用和改编了国内外出版物中的相关资料以及网络资源,在此表示深深的谢意! 相关著作权人看到本教材后,请与出版社联系,出版社将按照相关法律的规定支付稿酬。

由于编者水平有限,书中难免有不足之处,敬请读者提出宝贵意见。

编　者

2020 年 3 月

所有意见和建议请发往:dutpbk@163.com

欢迎访问高教数字化服务平台:https://www.dutp.cn/hep/

联系电话:0411-84708445　84708462

目 录

第1章
Linux 概述

Linux 是一套免费使用和自由传播的类 UNIX 操作系统。虽然 Linux 可以用于多种计算机平台，但它主要用于基于 Intel x86 系列 CPU 的计算机。这个系统是由全世界各地成千上万的程序员设计和实现的。其目的是建立不受任何商品化软件的版权制约的、全世界都能自由使用的 UNIX 兼容产品。

1.1 Linux 简介

Linux 操作系统是一个遵循操作系统界面标准的免费操作系统，在外表和性能上与 UNIX 非常接近，但是所有系统的核心代码已经重新进行了编写。Linux 是目前唯一可免费获得的、为 PC 机平台上的多个用户提供多任务、多进程功能的操作系统，这是人们要使用它的主要原因。就 PC 机平台而言，Linux 提供了比其他任何操作系统都要强大的功能，Linux 还可以使用户远离各种商品化软件提供者促销广告的诱惑，再也不用承受每过一段时间就升级之苦，因此，可以节省大量用于购买或升级应用程序的资金。

Linux 不仅为用户提供了强大的操作系统功能，而且还提供了丰富的应用软件。用户不但可以从 Internet 上下载 Linux 及其源代码，而且还可以从 Internet 上下载许多 Linux 的应用程序。可以说，Linux 本身包含的应用程序以及移植到 Linux 上的应用程序包罗万象，任何一位用户都能从有关 Linux 的网站上找到适合自己特殊需要的应用程序及其源代码，这样，用户就可以根据自己的需要来下载源代码，以修改和扩充操作系统或应用程序的功能。这对于 Windows NT、Windows 98、MS-DOS 或 OS/2 等商品化操作系统来说是无法做到的。

Linux 为广大用户提供了一个在家里学习和使用 UNIX 操作系统的机会。尽管 Linux 是由计算机爱好者们开发的，但是它在很多方面上是相当稳定的，从而为用户学习和使用目前世界上最流行的 UNIX 操作系统提供了廉价的机会。现在有许多 CD-ROM 供应商和软件公司（如 Red Hat 和 Turbo Linux）都支持 Linux 操作系统。Linux 成为

UNIX 系统在个人计算机上的一个代用品,并能用于替代那些较为昂贵的系统。因此,如果一个用户在公司上班的时候在 UNIX 系统上编程,或者在工作中是一位 UNIX 的系统管理员,他就可以在家里安装一套 UNIX 的兼容系统,即 Linux 系统,在家中使用 Linux 就能够完成一些工作。

1.2　Linux 特点

Linux 操作系统在短短的几年之内得到了非常迅猛的发展,并得到越来越多的重视,这与 Linux 具有的良好特性是分不开的。Linux 包含了 UNIX 的全部功能和特性。简单地说,Linux 具有以下几个主要特性。

1. 与 UNIX 兼容

Linux 已经成为具有全部 UNIX 特征,遵从 POSIX(Portable Operating System Interface of UNIX,可移植操作系统接口)标准的操作系统,UNIX 的所有主要功能都有相应的 Linux 工具和实用程序。UNIX 的软件程序源码在 Linux 上重新编译之后就可以运行。BSD UNIX 的可执行文件可以直接在 Linux 环境下运行。所以,Linux 实际上是一个完整的 UNIX 类型的操作系统。Linux 系统上使用的命令多数都与 UNIX 命令在名称、格式及功能上相同。

2. 多用户、多任务

多用户是指系统资源可以被不同用户各自拥有使用,即每个用户对自己的资源(例如:文件、设备)有特定的权限,互不影响。Linux 和 UNIX 都具有多用户的特性。多任务是现代计算机最主要的一个特点。它是指计算机同时执行多个程序,而且各个程序的运行互相独立,互不影响。多任务分为抢占调度多任务和协作多任务。前者的多任务性表现在每个程序都保证有机会运行,且每个程序都一直执行到操作系统抢占 CPU 让其他程序运行为止。后者的多任务性表现在一道程序一直运行到它们主动让其他程序运行,或运行到它们已没有任何事情可做为止。

3. 良好的用户界面

Linux 向用户提供了两种界面:用户界面和系统调用。Linux 的传统用户界面是基于文本的命令行界面,即 Shell,它既可以联机使用,又可保存在文件上脱机使用。Shell 有很强的程序设计能力,用户可方便地用它编制程序,从而为扩充系统功能提供了更高级的手段。可编程 Shell 是指将多条命令组合在一起,形成一个 Shell 程序,这个程序可以单独运行,也可以与其他程序同时运行。

4. 设备独立性

设备独立性是指操作系统把所有外部设备统一当成文件来看待,只要安装了它们的驱动程序,任何用户都可以像使用文件一样,操纵及使用这些设备,而不必知道它们的具体存在形式。具有设备独立性的操作系统,通过把每一个外部设备看作一个独立文件来简化增加新设备的工作。当需要增加新设备时,系统管理员就在内核中增加必要的连接。这种连接(也称作设备驱动程序)保证每次调用设备提供服务时,内核以相同的方式来处理它们。当新的及更好的外设被开发并交付给用户时,操作允许在这些设备连接到内核后,就能不受限制地立即访问它们。设备独立性的关键在于内核的适应能力。其他操作系统只允许一定数量或一定种类的外部设备连接,而设备独立性的操作系统能够容纳任意种类及任意数量的设备,因为每一个设备都通过其与内核的专用连接独立进行访问。

Linux 是具有设备独立性的操作系统。尽管它没有包含全部的为商用计算机及其软件制造的外部设备,但是,由于 Linux 是 UNIX 的一个兼容产品,它的内核具有高度适应能力,随着更多的程序员加入 Linux 编程,会有更多硬件设备加入各种 Linux 内核和发行版本中。另外,由于用户可以免费得到 Linux 的内核源代码,因此,用户可以修改内核源代码,以便适应新增加的外部设备。

5. 提供了丰富的网络功能

Linux 在通信和网络功能方面优于其他操作系统。其他操作系统不包含如此紧密地和内核结合在一起的连接网络能力,也没有内置这些联网特性的灵活性,而 Linux 为用户提供了完善且强大的网络功能。

其网络功能之一是支持 Internet。Linux 免费提供了大量支持 Internet 的软件,Internet 是在 UNIX 领域中建立并繁荣起来的,在这方面使用 Linux 是相当方便的,用户能用 Linux 与世界范围内的其他人通过 Internet 网络进行通信。

其网络功能之二是文件传输。用户能通过一些 Linux 命令完成内部信息或文件的传输。

其网络功能之三是远程访问。Linux 不仅允许进行文件和程序的传输,它还为系统管理员和技术人员提供了访问其他系统的窗口。通过这种远程访问的功能,一位技术人员能够有效地为多个系统服务(使那些系统位于相距很远的地方)。

Linux 还包含大量网络管理、网络服务等方面的工具,用户可利用它建立高效稳定的防火墙、路由器、工作站、Intranet 服务器和 WWW 服务器。它还包括大量系统管理软件、网络分析软件和网络安全软件等。

6. 可靠、安全和高性能

在相同的硬件环境下,Linux 可以像其他的操作系统那样运行,提供各种高性能服务,可以作为中小型 ISP 或 Web 服务器工作平台。由于 Linux 源代码是公开的,可以消除系统中存在"后门"的疑惑。这对于关键部门、关键应用来说,是至关重要的。Linux 采取了许多安全技术措施,包括对读、写进行权限控制、带读写保护的子系统、审计跟踪及核心授权等,这为网络多用户环境中的用户提供了必要的安全保障。

7. 便于定制和再开发

在遵从 GPL(General Public License,GNU 通用公共许可证)版权协议的条件下,各部门、企业、单位或个人可以根据自己的实际需要和使用环境,对 Linux 系统进行裁剪、扩充、修改或者再开发。

8. 良好的可移植性

可移植性是指将操作系统从一个平台转移到另一个平台使它仍然能按其自身的方式运行的能力。Linux 是一种可移植的操作系统,能够在从微型计算机到大型计算机的任何环境中和任何平台上运行。可移植性为运行 Linux 的不同计算机平台与其他任何机器进行准确而有效的通信提供了手段,不需要另外增加特殊的和昂贵的通信接口。

9. 互操作性强

Linux 操作系统能够以不同方式实现与非 Linux 操作系统的不同层次的互操作。

10. 自由软件源码公开

Linux 项目从一开始就与 GNU(GNU's Not UNIX)项目紧密结合起来,它的许多重要组成部分直接来自 GNU 项目。任何人只要遵守 GPL 条款,就可自由使用 Linux 源程序,这就激发了世界范围内热衷于计算机事业的人们的创造力。通过 Internet,这个软件得到了迅速传播和广泛使用。

1.3 Linux 发展

Linux 是专门为个人计算机所设计的操作系统。它最早是由芬兰赫尔辛基大学的学生 Linus Torvalds 设计的。当时 Linux 是他的一项个人研究项目,其目的是为 Minix 用户设计一个比较有效的 UNIX PC 版本。Linus Torvalds 称它为 Linux。Minix 是由 Andrew Tannebaum 教授开发的,发布在 Internet 上,免费给全世界的学生使用。Minix 具有较多 UNIX 的特点,但与 UNIX 不完全兼容,Linus Torvalds 打算为 Minix 用户设计一个较完整的 UNIX PC 版本,于 1991 年发行了 Linux 0.11 版本,并将它发布在 Internet 上,免费供人们使用。

以后几年,其他的 Linux 爱好者根据自己的使用情况,综合现有的 UNIX 标准和 UNIX 系统中应用程序的特点,修改并增加了一些内容,使得 Linux 的功能更完善。Linux 设计了与所有主要的窗口管理器的接口,提供了大量 Internet 工具,如 FTP、TELNET 和 SLIP 等。Linux 提供比较完整的程序开发工具,最常用的是 C++ 编译器和调试器。尽管 Linux 拥有了 UNIX 的全部功能和特点,但它却是最小、最稳定和最快速的操作系统。在最小配置下,它可以运行在仅 4 MB 的内存上。

Linux 是在 Internet 开放环境中开发的,它由世界各地的程序员不断完善,而且免费供用户使用。尽管如此,它仍然遵循商业 UNIX 版本的标准,因为在前几十年里,UNIX 版本大量出现,电子电气工程协会(IEEE)开发了一个独立的 UNIX 标准,这个新的 ANSI UNIX 标准被称为计算机环境的可移植性操作系统界面(PSOIX)。这个标准限定了 UNIX 系统如何进行操作,对系统调用也做了专门的论述。PSOIX 限制所有 UNIX 版本必须依赖大众标准,现有大部分 UNIX 和流行版本都是遵循 POSIX 标准的。Linux 从一开始就遵循 POSIX 标准。Linux 由许多不同的组织开发和发行,每一种 Linux 都带有独特的程序集,而且每种 Linux 都提供组成 Linux 版本的一组核心文件。用户可以从 Internet 上发现很多 Linux 的版本及其所包含的核心文件和应用程序。用户也可以从某些光盘上找到有关的软件。目前比较流行的版本主要是 Red Hat、Suse 和 Debian。

Red Hat 是全球最大的开源技术厂家,其产品 Red Hat Linux 也是全世界应用最广泛的 Linux。Red Hat 公司总部位于美国北加利福尼亚。在全球拥有 22 个分部。对于 Red Hat 来说,开放源代码已经不只是一个软件模型,而是 Red Hat 的商业模式。因为 Red Hat 坚信只有协作,企业才能创造出具有非凡质量和价值的产品。

在 Red Hat 的 300 名工程师中,有来自全世界最顶尖的 6 名 Linux 核心开发者,还有来自全球最出色的 7 名 Linux 开发工具工程师。Red Hat 已经为全球 30 万台服务器提供 500 万套软件,是目前全球最先自负盈亏的 Linux 企业、NASDAQ 上市公司,其银行存款高达 29 亿美元,是全球企业最重要的 Linux 和开源技术提供商。

Linux 在中国正在快速发展。现在,国内已经有越来越多的企业选择 Linux 作为自己的操作系统平台,为 Linux 提供软、硬件支持的生产人员也越来越多,这当中既有热爱 Linux 的程序员和他们的忠实拥护者,也包括金山、用友等消费类的行业软件厂商。此外还有很多行业如能源、保险、电子政务等也在开始使用 Linux 操作系统。中国政府计划注资开发基于 Linux 的计算机系统,来发展一个以 Linux 为基础的国内软件行业。

1.4 Linux 应用

过去,Linux 主要被用作服务器的操作系统,但因它的廉价、灵活性及 UNIX 背景使得它很合适作更广泛的应用。传统上,以 Linux 为基础的"LAMP"(Linux,Apache,MySQL,Perl/PHP/Python 的组合)技术,除了已在开发者群体中广泛流行,它亦是网站服务供应商最常使用的平台。

基于其低廉成本与高度可设置性,Linux 常常被应用于嵌入式系统,例如机顶盒、移动电话及行动设备等。在移动电话上,Linux 已经成为 Symbian OS 的主要竞争者;而在行动设备上,则成为 Windows CE 与 Palm OS 之外另一个选择。目前流行的 TiVo 数字摄影机使用了经过客制化后的 Linux。此外,有不少硬件式的网络防火墙及路由器,例如部分 LinkSys 的产品,其内部都是使用 Linux 来驱动、并采用了操作系统提供的防火墙及路由功能。

采用 Linux 的超级计算机亦愈来愈多,根据 2008 年 11 月的 TOP 500 超级计算机列表,当时世上最快速的超级计算机使用 Linux 作为其操作系统。而在列表的 500 套系统里,采用 Linux 为操作系统的,占了 439 组(87.8%)。

2006 年开始发售的 SONY PlayStation 3 亦可使用 Linux 的操作系统,它有一个能使其成为一个桌面系统的 Yellow Dog Linux。之前,Sony 亦曾为 PlayStation 2 推出过一套名为 PS2 Linux 的 DIY 组件。Ubuntu 自 9.04 版本,恢复了 PPC 支持(包括 PlayStation 3)。

而随着 OLPC 的 XO-1,华硕的 Eee PC 等低价电脑的推行,许多人乐观地认为在低端 PC 市场,Linux 的市场占有率正在快速地增长。

1.5 Linux 版本

Linux 有两种版本,一个是核心(Kernel)版本,另一个是发行(Distribution)版本。

1. 核心版本

核心版本主要是 Linux 内核,由 Linus Torvalds 等人在不断地开发和推出新的内核。Linux 内核的官方版本由 Linus Torvalds 本人维护。核心版本的序号由两部分数字构成,其形式如下:major. minor. patchlevel,其中,major 为主版本号,minor 为次版本号,二者共同构成当前核心版本号,patchlevel 表示对当前版本的修订次数。例如,2.2.11 表示对核心 2.2 版本的第 11 次修订。带奇数的内核版本(2.3、2.5、2.7 等)是实验性的开发版内核。稳定的发行版内核的版本号是偶数(2.4、2.6、2.8 等)。

2. 发行版本

Linux 发行版(也被叫作 GNU/Linux 发行版)是基于 Linux 内核的类 UNIX 操作系统。Linux 发行版通常包含了包括桌面环境、办公套件、媒体播放器、数据库等应用软件。这些操作系统通常由 Linux 内核,以及来自 GNU 计划的大量函数库和基于 X Window 的图形界面。有些发行版考虑到容量大小而没有预装 X Window,而使用更加轻量级的软件,如:busybox、uclibc 或 dietlibc。现在有超过 300 个 Linux 发行版(Linux 发行版列表)。大部分都正处于活跃的开发中,不断地改进。

由于大多数软件包是自由软件和开源软件,所以 Linux 发行版的形式多种多样——从功能齐全的桌面系统以及服务器系统到小型系统(通常在嵌入式设备,或者启动软盘)。除了一些定制软件(如安装和配置工具),发行版通常只是将特定的应用软件安装在一堆函数库和内核上,以满足特定使用者的需求。

这些发行版可以分为商业发行版,比如 Fedora(Red Hat),open SUSE(Novell),Ubuntu(Canonical 公司),Mandriva Linux 和社区发行版,它们由自由软件社区提供支持,如 Debian 和 Gentoo;也有发行版既不是商业发行版也不是社区发行版,其中最有名的是 Slackware。

Linux 发行版本可以大体分为两类,一类是商业公司维护的发行版本,一类是社区组织维护的发行版本,前者以著名的 Red Hat(RHEL)为代表,后者以 Debian 为代表。下面介绍一下各个发行版本的特点:

Red Hat,应该称为 Red Hat 系列,包括 RHEL(Red Hat Enterprise Linux,也就是所谓的 Red Hat Advance Server,收费版本)、Fedora Core(由原来的 Red Hat 桌面版本发展而来,免费版本)、CentOS(RHEL 的社区克隆版本,免费版本)。Red Hat 应该说是在国内使用人群最多的 Linux 版本,甚至有人将 Red Hat 等同于 Linux,而有些老鸟更是只用这一个版本的 Linux。所以这个版本的特点就是使用人群数量大,资料非常多,言下之意就是如果你有什么不明白的地方,很容易找到人来问,而且网上的一般 Linux 教程都是以 Red Hat 为例来讲解的。Red Hat 系列的包管理方式采用的是基于 RPM(Redhat Package Manager,RPM 软件包管理器)包的 YUM(Yellow dog Updater,Modified)包管理方式,包分发方式是编译好的二进制文件。稳定性方面 RHEL 和 CentOS 的稳定性非常好,适合于服务器使用,但是 Fedora Core 的稳定性较差,最好只用于桌面应用。

Debian，或者称 Debian 系列，包括 Debian 和 Ubuntu 等。Debian 是社区类 Linux 的典范，是迄今为止最遵循 GNU 规范的 Linux 系统。Debian 最早由 Ian Murdock 于 1993 年创建，分为三个版本分支（branch）：stable，testing 和 unstable。其中，unstable 为最新的测试版本，其中包括最新的软件包，但是也有相对较多的 bug，适合桌面用户。testing 的版本都经过 unstable 中的测试，相对较为稳定，也支持了不少新技术（比如 SMP 等）。而 stable 一般只用于服务器，上面的软件包大部分都比较过时，但是稳定和安全性都非常高。Debian 最具特色的是 apt-get /dpkg 包管理方式，其实 Red Hat 的 YUM 也是在模仿 Debian 的 APT（the Advanced Packaging Tool，高级软件包管理工具）方式，但在二进制文件发行方式中，APT 应该是最好的了。

Ubuntu 严格来说不能算一个独立的发行版本，Ubuntu 是基于 Debian 的 unstable 版本加强而来的，可以说，Ubuntu 就是一个拥有 Debian 所有的优点，以及自己所加强的优点的近乎完美的 Linux 桌面系统。根据选择的桌面系统不同，有三个版本可供选择，基于 GNOME（The GNU Network Object Model Environment，GNU 网络对象模型环境）的 Ubuntu，基于 KDE（Kool Desktop Environment，K 桌面环境）的 Kubuntu 以及基于 Xfce（XForms Common Environment，XForms 桌面环境）的 Xubuntu。特点是界面非常友好，容易上手，对硬件的支持非常全面，是最适合做桌面系统的 Linux 发行版本。

Gentoo 是 Linux 世界最年轻的发行版本，正因为年轻，所以能吸取在其之前的所有发行版本的优点，这也是 Gentoo 被称为最完美的 Linux 发行版本的原因之一。Gentoo 最初由 Daniel Robbins（FreeBSD 的开发者之一）创建，首个稳定版本发布于 2002 年。由于开发者对 FreeBSD 的熟识，Gentoo 拥有媲美 FreeBSD 的广受美誉的 ports 系统——Portage 包管理系统。不同于 APT 和 YUM 等二进制文件分发的包管理系统，Portage 是基于源代码分发的，必须编译后才能运行，对于大型软件而言比较慢，不过正因为所有软件都是在本地机器编译的，在经过各种定制的编译参数优化后，能将机器的硬件性能发挥到极致。Gentoo 是所有 Linux 发行版本里安装最复杂的，但又是安装完成后最便于管理的版本，也是在相同硬件环境下运行最快的版本。

最后，介绍一下 FreeBSD，需要强调的是：FreeBSD 并不是一个 Linux 系统，但 FreeBSD 与 Linux 的用户群有相当一部分是重合的，二者支持的硬件环境也比较一致，所采用的软件也比较类似，所以可以将 FreeBSD 视为一个 Linux 版本来比较。

1.6　Linux 体系结构

Linux 操作系统所有的内核系统功能都包含在一个大型的内核软件之中，Linux 系统也支持可动态装载和卸载的模块结构。利用这些模块，可以方便地在内核中添加新的内核组件或卸载不再需要的内核组件。Linux 系统内核结构如图 1-1 所示。

用户级进程				用户层
系统调用接口				
内存管理	进程控制系统	网络协议	虚拟文件系统(VFS)	核心层
			Ext2 文件系统　　　其他文件系统	
中断处理,输入/输出				
设备驱动程序				
硬件				硬件层

图 1-1　Linux 系统内核结构框图

操作系统分为用户层、核心层和硬件层 3 个层次。所有运行在内核之外的程序分为系统程序和用户程序两大类,它们运行在"用户模式"之下。系统程序及其他所有的程序都在内核之上运行,它们与内核之间的接口由操作系统提供的一组"抽象指令"定义,这些抽象指令称为"系统调用"。系统调用看起来像 C 程序中的普通函数调用。内核之外的所有程序必须通过系统调用才能进入操作系统内核。内核程序在系统启动时被加载,然后初始化计算机硬件资源,开始 Linux 的启动过程。进程控制系统用于进程管理、进程同步、进程通信、进程调度和内存管理等。程序以文件(源文件、可执行文件等)形式存放。可执行文件装入内存准备执行时,进程控制系统与文件系统相互作用,用可执行文件更换子进程的映像。进程是系统中的动态实体。控制进程的系统调用包括进程的创建、终止、执行、等待、空间扩充及信号传送等。进程调度模块为进程分配 CPU。Linux 系统的进程调度算法采用多级队列轮转法。Linux 系统支持多种进程通信机制,其中最常用的是信号、管道及 UNIX 系统支持的 SystemV IPC(Inter-Process Communication,进程间通信)机制等。

内存管理控制内存分配与回收。系统采用交换和请求分页两种策略管理内存。根据系统中物理内存空间的使用情况,进程映像在内存和辅存(磁盘)之间换入换出。利用请求分页技术提供虚拟存储器。

文件系统管理文件、分配文件空间、管理空闲空间、控制对文件的访问,且为用户检索数据。进程通过一组特定的系统调用(如 open、close、read、write 及 chmod 等)与文件系统交互作用。

Linux 系统使用了虚拟文件系统(VFS),它支持多种不同的文件系统,每个文件系统都要提供给 VFS 一个相同的接口。因此,所有的文件系统对系统内核和系统中的程序来说,看起来都是相同的。通过 VFS 层,允许用户同时在系统中透明地安装多种不同的文件系统。文件系统利用缓冲机制访问文件数据。缓冲机制与块设备驱动程序相互作用,从核心向块设备写数据或从块设备向核心传送(读)数据。

Linux 系统支持字符设备、块设备和网络设备 3 种类型的硬件设备。Linux 系统和设备驱动程序之间使用标准的交互接口。这样,内核可以用同样的方法使用完全不同的各种设备。核心底层的硬件控制模块负责处理中断以及与机器通信。外部设备(如磁盘或终端等)在完成某个工作或遇到某种事件时,中断 CPU 执行,由中断处理系统进行相应分析与处理,处理之后将恢复被中断进程的执行。

1.7 Fedora 优势

Fedora Linux(第七版以前为 Fedora Core)是较具知名度的 Linux 发行包之一,由 Fedora Project 社区开发、Red Hat 赞助,目标是建立一套新颖、多功能(桌面与服务器等)并且自由(开放源代码)的操作系统。

Fedora 奠基于 Red Hat Linux,在 Red Hat Linux 终止发行后,Red Hat 计划以 Fedora 来取代 Red Hat Linux 在个人应用的领域,而另外发行的 Red Hat Enterprise Linux(Red Hat 企业版 Linux,RHEL)则取代 Red Hat Linux 在商业应用的领域。

Fedora 的功能对于用户而言,它是一套功能完备、更新快速的免费操作系统,而对赞助者 Red Hat 公司而言,它是许多新技术的测试平台,被认为可用的技术最终会加入 Red Hat Enterprise Linux 中。

Fedora Project 大约每六个月发布新版本,目前 Fedora 较新的版本是 Fedora 28。

小　结

本章首先介绍了 Linux 的基本概念、发展以及目前流行的 Linux 版本,然后对 Linux 的体系结构进行了叙述,最后介绍了 Fedora 操作系统的优势。

练　习

1. Linux 操作系统下有很多应用软件,其中大部分软件包括 Linux 本身,属于(　　)。

A. 商业软件　　　　B. 共享软件　　　　C. 自由软件　　　　D. 其他类型软件

2. Linux 操作系统也有非常友好的图形界面,一般我们称为(　　)。

A. MS-Windows　　B. X-Windows　　　C. A-Windows　　　D. Y-Windows

3. 下列关于 Linux 操作系统用途的说法错误的是(　　)。

A. Linux 可以作为个人电脑的操作系统使用

B. Linux 可以作为 Web 服务器使用

C. Linux 可以作为 E-mail 服务器使用

D. Linux 不可以看电影,听音乐

4. 操作系统就是一个为用户管理计算机硬件和软件的程序。下面不属于它的三大主要功能的是(　　)。

A. 文件管理　　　　B. 程序管理　　　　C. 用户界面　　　　D. 设备管理

5. 下列描述中不正确的是( )。

A. Linux 是一套免费使用和自由传播的类 UNIX 操作系统

B. Linux 性能比 Windows 更好

C. Linux 是在 Internet 开放环境中开发的,它由世界各地的程序员不断完善,而且免费供用户使用

D. 用来提供各种 Internet 服务的计算机运行的操作系统占很大比例的是 UNIX 及 UNIX 类操作系统

6. 简述 Linux 的特点。

7. 简述 Linux 的体系结构。

第2章
安装 Linux 操作系统

Fedora 是一个基于 Linux 开放的、创新的、前瞻性的操作系统和平台。它允许任何人自由地使用、修改和重新发布。它由一个强大的社群开发，这个社群的成员以自己的不懈努力，提供并维护自由、开放源码的软件和开放的标准。Fedora 项目由 Fedora 基金会管理和控制，得到了 Red Hat Inc. 的支持。本章将详细介绍 Fedora 28 的安装过程，使读者对 Linux 系统有个初步了解。

2.1 安装前的准备工作

对于安装 Fedora 操作系统，首先需要了解机器的基本配置，查看是否满足 Fedora 的安装要求。除此以外，如果已经安装 Windows 等操作系统，在安装 Fedora 之前，需要将硬盘中的重要数据进行备份，防止安装过程中的误操作导致数据丢失。

2.1.1 硬件需求

首先用户必须了解机器的硬件配置，在 Windows 系统下如何查看。运行 Windows 系统后，通过以下步骤来获取配置信息。

1. 获取处理器和内存信息

在 Windows 系统中，在桌面上右击"计算机"图标，选择"属性"选项，弹出"系统属性"窗口，如图 2-1 所示，可以查看当前机器的处理器型号和内存大小。

2. 处理器和内存要求

Fedora 28 可以在处理器主频大于 1 GHz、内存大于 1 GB、空闲硬盘空间 10 GB 以上的基于 x86 或 arm 等架构的机器上运行。

图 2-1　Windows 系统属性

2.1.2　光盘启动安装

准备 Fedora 28 安装盘作为启动盘,机器安装光驱。启动电源,将光盘插入光驱。改变 BIOS 设置,启动时按下 F12 键(对于大多数机器适用)。在启动设备列表中,选择从光驱启动。

2.1.3　U 盘启动安装

首先必须确保 U 盘空间足够大,安装 Fedora Astronomy 28,U 盘大小至少为 4 GB。注意在制作安装 U 盘的过程中,会格式化 U 盘里的所有数据。

制作安装 U 盘步骤如下:

(1)从网站下载 Windows 版本的 Fedora Media Writer 安装程序。

(2)运行下载好的 Fedora Media Writer 安装程序,单击"我接受"按钮,如图 2-2 所示。

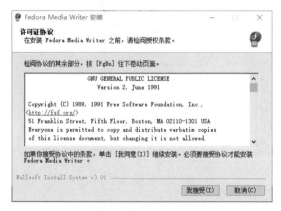

图 2-2　接受安装条款

（3）设置安装位置，单击"安装"按钮，如图 2-3 所示。

图 2-3　设置安装位置

（4）等待 Fedora Media Writer 安装完成，单击"下一步"按钮，如图 2-4 所示。

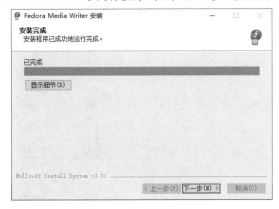

图 2-4　安装进度完成

（5）单击"完成"按钮，启动 Fedora Media Writer，如图 2-5 所示。

图 2-5　Fedora Media Writer 安装完成

（6）插入 U 盘，在 Fedora Media Writer 主界面中，如图 2-6 所示，单击"Custom image"选项，选择准备好的 Fedora 28 安装镜像文件（通常为 ISO 文件）。也可以直接在 Fedora Media Writer 中选择需要安装的版本，通过 Fedora Media Writer 直接下载安装镜像文件。

图 2-6 Fedora Media Writer 主界面

（7）选择 U 盘，单击"Write to Disk"按钮，开始制作安装 U 盘，如图 2-7 所示。

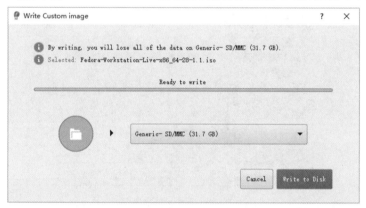

图 2-7 选择 U 盘

（8）等待进度完成，出现 Finished!，安装 U 盘制作完成，如图 2-8 所示。退出 Fedora Media Writer。

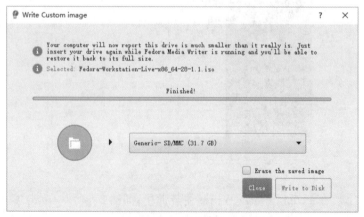

图 2-8 安装 U 盘制作完成

重新启动机器。改变 BIOS 设置,启动时按下 F12 键(对于大多数机器适用)。在启动设备列表中,选择从当前 U 盘启动。

2.2 安装 Fedora

图 2-9 是 Fedora 28 的首界面。开始安装 Fedora 系统,选择第一个 start Fedora-Astronomy_KDE-Live 28。

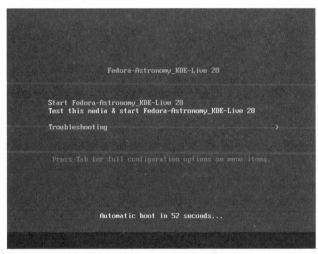

图 2-9 Fedora 安装选择

接着,选择 Install to Hard Drive,如图 2-10 所示。

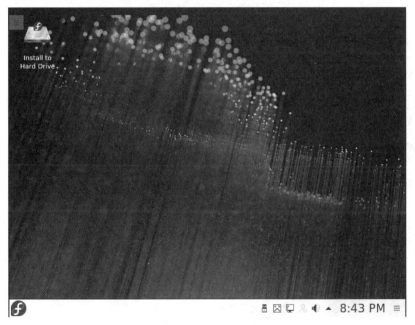

图 2-10 安装选择

选择安装语言"简体中文",如图 2-11 所示。

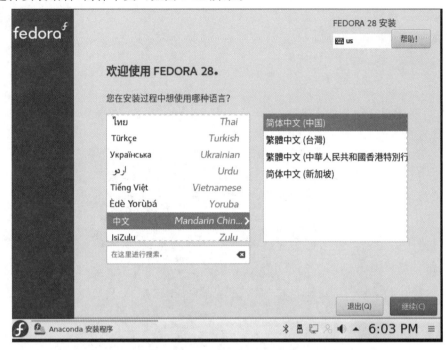

图 2-11　语言选择

单击"继续"按钮,出现如图 2-12 所示的界面,可以设置键盘、时间和日期、安装位置、网络和主机名。

图 2-12　安装设置选择

接下来,只要设置安装位置就好,其他保持默认选项。单击"安装位置"选项,设置虚拟机的安装位置。安装位置是使用已经设置好的 20 GB 的硬盘,如图 2-13 所示,然后单击"完成"按钮。

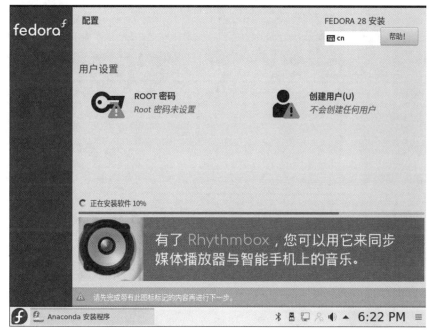

图 2-13　安装位置设置

在用户设置中设置一下 ROOT 密码和创建用户,如图 2-14 所示。

图 2-14　选择配置界面

单击"ROOT 密码",设置"ROOT 密码",如图 2-15 所示,root 是系统管理员。因此,最好设置一个复杂的密码,而不能是简简单单 123456 。

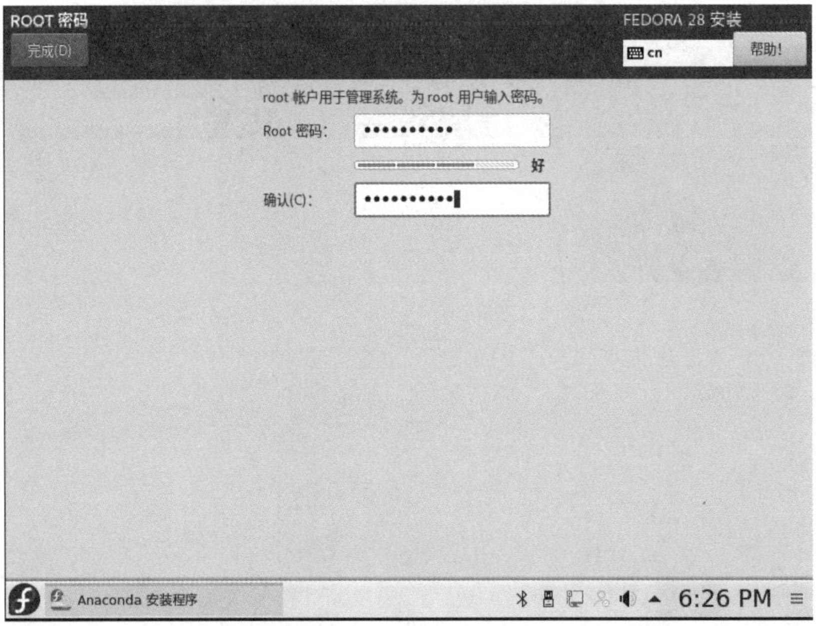

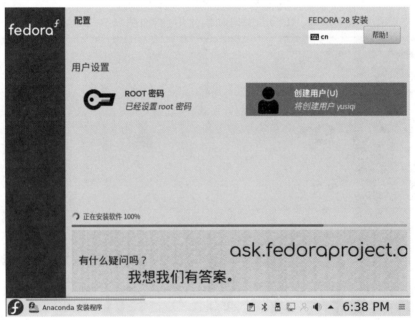

图 2-15　ROOT 密码设置

单击"创建用户"选项,创建普通用户,如图 2-16 所示。

图 2-16　创建用户设置

等待正在安装软件进度条完成安装,然后单击"完成配置"按钮,之后重启计算机使用即可。

2.3　登录 Fedora

2.3.1　图形化登录

因为 Fedora 是多用户多任务操作系统，系统根据登录帐号的权限，会自动授予用户使用文件和程序的相应权限。通常图形化登录进入 X Window 图形用户界面，如图 2-17 所示。输入用户名和密码之后，便可登录图形化桌面。

图 2-17　登录界面

2.3.2　虚拟控制台登录

在安装过程中，如果用户没有选择工作站和个人安装桌面安装，而选择要使用文本登录类型，在系统被引导后，用户会看到登录界面。

登录为普通用户，在登录提示后输入用户的用户名，按 Enter 键，在口令提示后输入口令，然后按 Enter 键。

登录后，用户可以输入 startx 命令来启动图形化桌面。这样系统会从文本模式转换到图形模式。

2.3.3 远程登录

远程登录可以使用 telnet、PuTTY、Xming 三种方式，telnet 方式登录使用 telnet 协议进行，而 PuTTY 和 Xming 使用 SSH（Secure Shell，安全外壳）协议进行。

1. telnet 方式

首先，单击左下方"程序启动器"，打开终端，如图 2-18 所示。

图 2-18　打开终端

（1）开启 telnet 服务

首先，检测是否安装必需的安装包，如图 2-19、图 2-20 所示。

图 2-19　安装包检测（1）

然后，安装软件包，如图 2-21 所示。

在控制面板中找到系统与安全，找到服务选项，进行服务配置，如图 2-22 所示。

```
[root@localhost ~]# rpm - q telnet-server
RPM 版本 4.14.1
版权所有 (C) 1998-2002 - 红帽公司。
该程序可以在 GNU GPL 条款下自由分发

用法: rpm [-afgpcdLAlsiv?] [-a|--all] [-f|--file] [-g|--group]
      [-p|--package] [--pkgid] [--hdrid] [--triggeredby] [--whatrequires]
      [--whatprovides] [--whatrecommends] [--whatsuggests]
      [--whatsupplements] [--whatenhances] [--nomanifest]
      [-c|--configfiles] [-d|--docfiles] [-L|--licensefiles]
      [-A|--artifactfiles] [--dump] [-l|--list]
      [--queryformat=QUERYFORMAT] [-s|--state] [--nofiledigest]
      [--nofiles] [--nodeps] [--noscript] [--allfiles] [--allmatches]
      [--badreloc] [-e|--erase=<package>+] [--excludedocs]
      [--excludepath=<path>] [--force] [-F|--freshen=<packagefile>+]
      [-h|--hash] [--ignorearch] [--ignoreos] [--ignoresize]
      [-i|--install] [--justdb] [--nodeps] [--nofiledigest]
```

图 2-20　安装包检测(2)

```
[root@localhost ~]# rpm -i telnet-server-0.17-25.i386.rpm
RPM 版本 4.14.1
版权所有 (C) 1998-2002 - 红帽公司。
该程序可以在 GNU GPL 条款下自由分发

用法: rpm [-afgpcdLAlsiv?] [-a|--all] [-f|--file] [-g|--group]
      [-p|--package] [--pkgid] [--hdrid] [--triggeredby] [--whatrequires]
      [--whatprovides] [--whatrecommends] [--whatsuggests]
      [--whatsupplements] [--whatenhances] [--nomanifest]
      [-c|--configfiles] [-d|--docfiles] [-L|--licensefiles]
      [-A|--artifactfiles] [--dump] [-l|--list]
      [--queryformat=QUERYFORMAT] [-s|--state] [--nofiledigest]
      [--nofiles] [--nodeps] [--noscript] [--allfiles] [--allmatches]
      [--badreloc] [-e|--erase=<package>+] [--excludedocs]
      [--excludepath=<path>] [--force] [-F|--freshen=<packagefile>+]
      [-h|--hash] [--ignorearch] [--ignoreos] [--ignoresize]
      [-i|--install] [--justdb] [--nodeps] [--nofiledigest]
      [--nocontexts] [--nocaps] [--noorder] [--noscripts] [--notriggers]
      [--oldpackage] [--percent] [--prefix=<dir>] [--relocate=<old>=<new>]
      [--replacefiles] [--replacepkgs] [--test]
      [-U|--upgrade=<packagefile>+] [--reinstall=<packagefile>+]
```

图 2-21　安装软件包

图 2-22　服务配置

（2）利用 telent 客户端登录，如图 2-23 所示。

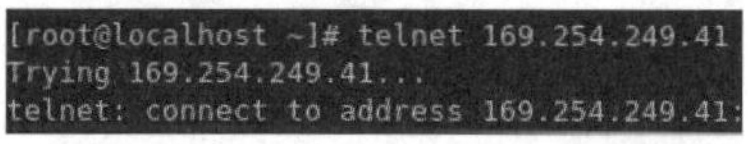

```
[root@localhost ~]# telnet 169.254.249.41
Trying 169.254.249.41...
telnet: connect to address 169.254.249.41:
```

图 2-23　telent 客户端登录

2. PuTTY 方式

（1）首先进入管理员模式，启动 ssh 服务，然后查看 ssh 服务是否启动成功（出现 active，表示成功），如图 2-24 所示。

图 2-24　启动 ssh 服务

（2）下载 PuTTY 软件，如图 2-25 所示。

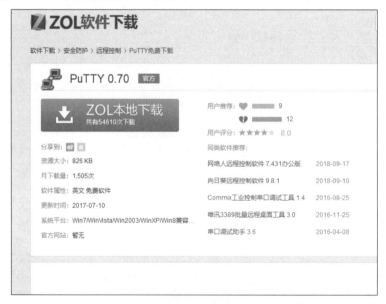

图 2-25　下载 PuTTY 软件

（3）打开 PuTTY 软件，进入配置页面，如图 2-26 所示。

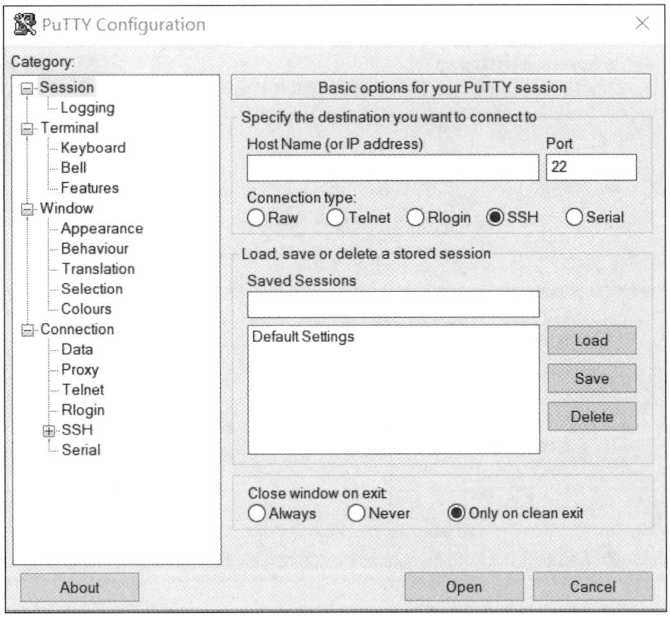

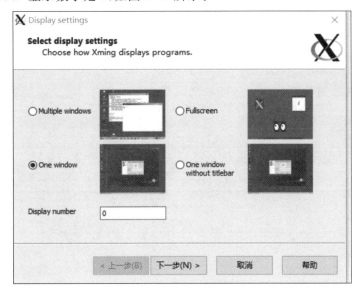

图 2-26　PuTTY 配置

输入主机名或者 IP 地址，单击"Open"按钮后，输入登录的用户名和密码，进入 Fedora 28 的系统。

3. Xming 方式

Xming 是一个在 Microsoft Windows 操作系统上运行 X Window 的自由软件。下载安装后，运行 xLaunch 程序，进行相关的设置。显示设置选择"One window"选项，"Display number"显示数字是 0，如图 2-27 所示。

图 2-27　显示设置

选择"Start a program"选项启动 Xming,如图 2-28 所示。

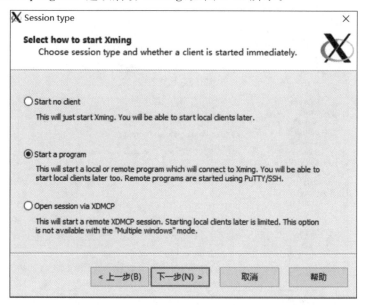

图 2-28　选择会话类型

选择 X 客户端进行远程连接,以 xterm 作为启动,选择 Using PuTTy(plink.exe)选项,输入服务器 IP 以及用户名、密码进行远程登录,如图 2-29 所示。

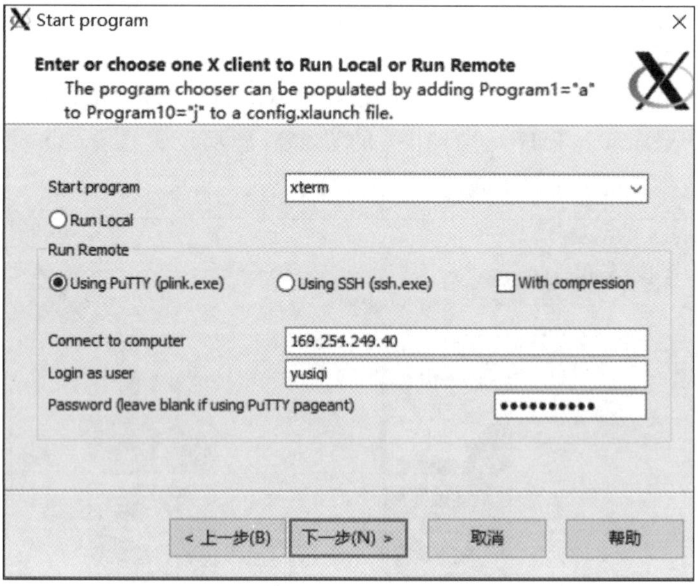

图 2-29　选择 X 客户端远程连接

接下来操作默认即可,如图 2-30、图 2-31 所示。

至此,登录成功。

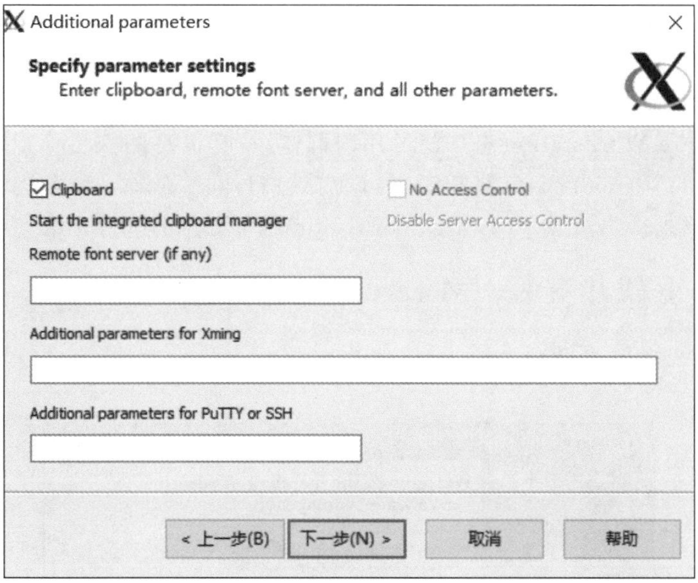

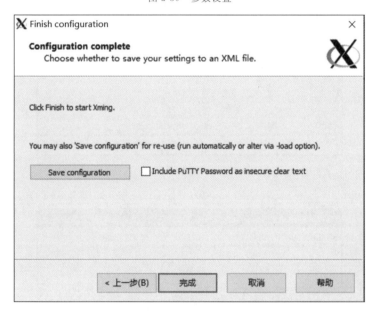

图 2-30 参数设置

图 2-31 配置完成

2.4 虚拟机安装 Fedora

虚拟机软件可以在一台电脑上模拟出若干台电脑,每台电脑可以运行单独的操作系统而互不干扰,也可以实现一台电脑同时运行几个操作系统,还可以将这几个操作系统联成一个网络。

目前市面上流行的 Windows 桌面虚拟机软件主要有：VMware 公司的 VMware Workstation、开源的 VirtualBox 和微软公司的 Hyper-V。这三种软件都虚拟或仿真了 Intel x86 硬件环境，可以让我们在运行这些软件的系统平台上运行多种其他的"客户"操作系统。VMware Workstation 有广泛的用户群体，具有逼真的裸机模拟能力、强大的虚拟网络模拟能力；VirtualBox 免费开源、轻量高效；Hyper-V 采用微内核的架构，兼顾安全性和性能的要求。本章以 VMware Workstation 14.1 为例进行介绍。

2.4.1　下载并安装 VMware Workstation

（1）从 VMware 官方网站下载 14.1 版本安装的 VMware，然后进行安装，如图 2-32 所示。

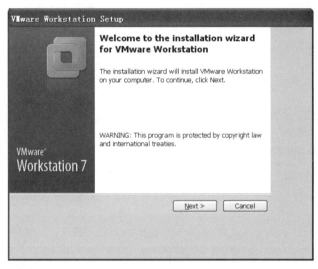

图 2-32　VMware 安装

（2）选择 Typical（典型）安装或者 Custom（定制）安装，如图 2-33 所示。

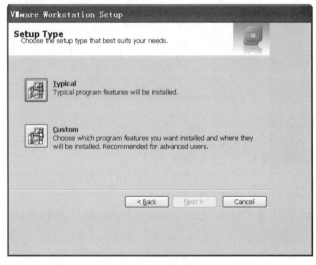

图 2-33　安装类型选择

(3)选择软件安装路径,如图 2-34 所示。

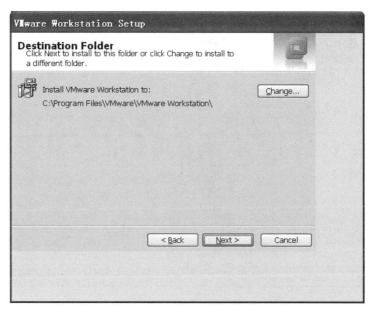

图 2-34　安装路径选择

(4)选择创建 Desktop(桌面快捷方式)、Start Menu Programs folder(开始菜单程序文件夹)、Quick Launch toolbar(快速启动栏快捷方式),如图 2-35 所示。

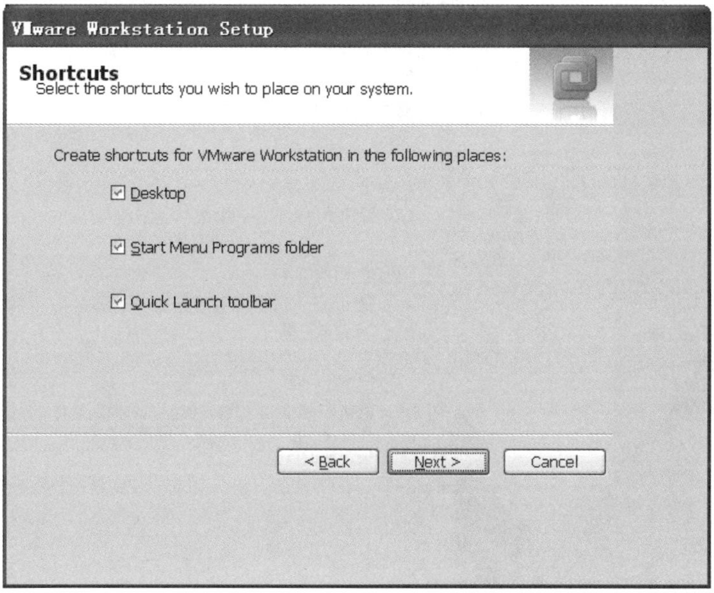

图 2-35　快捷方式创建

（5）单击"Continue"按钮，软件开始安装，如图 2-36 所示。

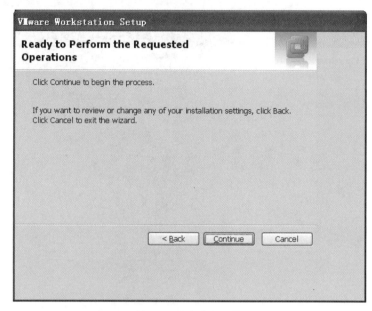

图 2-36　准备执行安装

2.4.2　添加新的虚拟机

（1）创建虚拟机，一般选择"典型（推荐）"选项即可，如图 2-37 所示。

图 2-37　安装向导

(2)单击"下一步"按钮,选择"安装程序光盘映像文件(iso)"选项,如图 2-38 所示。

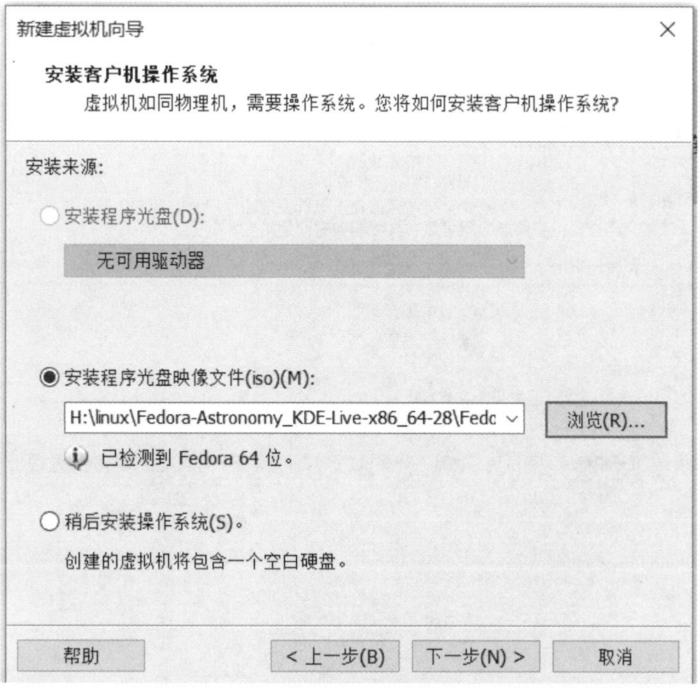

图 2-38 选择安装镜像

(3)单击"下一步"按钮,填写虚拟机名称和位置,如图 2-39 所示。

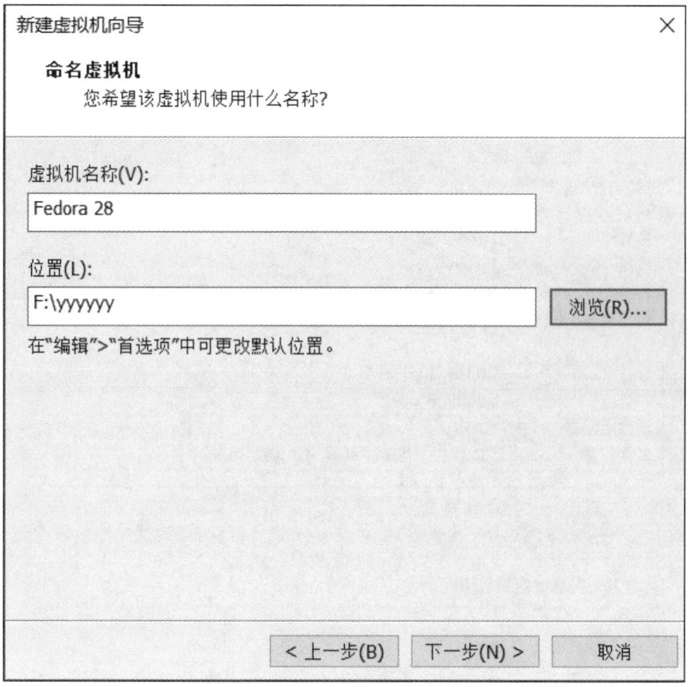

图 2-39 虚拟机名称和位置设置

（4）单击"下一步"按钮，默认选择"将虚拟磁盘拆分成多个文件"选项，如图 2-40 所示。

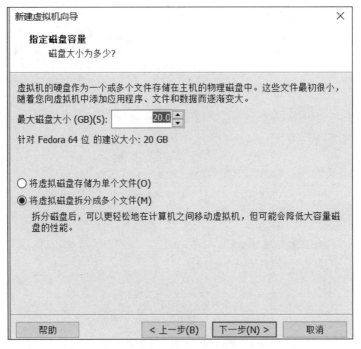

图 2-40　默认设置

（5）单击"下一步"按钮，最后单击"完成"按钮，如图 2-41 所示。

图 2-41　虚拟机创建完成

2.4.3 在虚拟机中安装 Fedora

选择刚刚创建的虚拟机,开始安装 Fedora 系统,如图 2-42 所示。

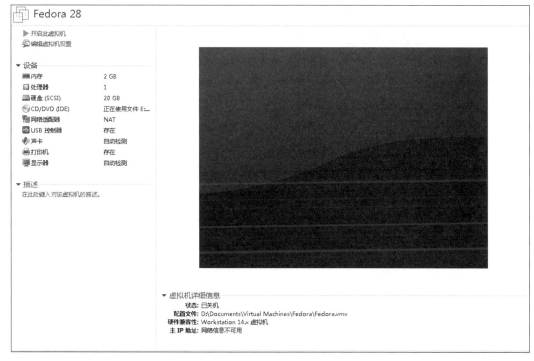

图 2-42 虚拟机安装 Fedora 系统

2.5 卸载 Fedora

通常,习惯了 Linux 的操作方式,就会为其强大的功能所吸引。当然,在某些情况下,也需要从磁盘上删除 Linux。本节将介绍删除 Linux 的基本方法。

2.5.1 从硬盘上卸载 Fedora

如果是在硬盘上安装 Fedora,通过 GRUB 启动管理器和 Windows 形成双系统时,可用 Windows 安装盘对 MBR 进行修复。对于 Windows Vista 以上系统而言,可以通过其安装盘启动。待其加载完毕,单击"修复计算机",进入命令行界面。采用 cd C:dir cd D:dir……的方式检查磁盘,找到 Windows 系统所在的盘符,输入"bootsect.exe /nt60 X:/mbr",其中 X:是 Windows 系统所在盘符。Windows 会自己重建系统引导和启动分区。

重启进入 Windows 系统。在"计算机"右键菜单中选择"管理"菜单项。

然后,在"计算机管理"控制台左侧导航中选择"存储"节点下的"磁盘管理"项,如图 2-43 所示。鼠标右键单击"Linux 分区"按钮,在弹出菜单中选中"格式化"菜单项,将其格式化为 windows 可识别的分区即可。

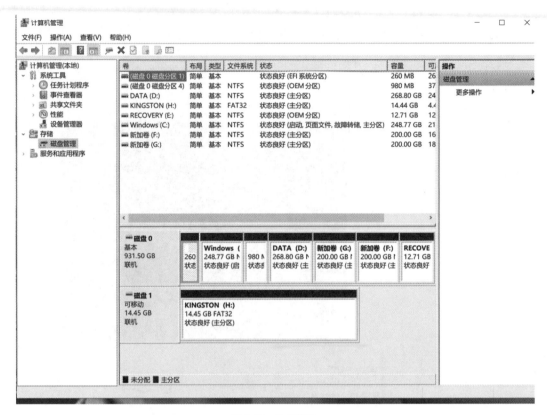

图 2-43　磁盘管理

2.5.2　从虚拟机上删除 Fedora

从虚拟机上删除 Fedora 比较简单,在 VMware Workstation 控制台里选择需要删除的虚拟机,单击鼠标右键,选择"从磁盘中删除"即可将其移除。

小　结

本章详细地讲述了 Fedora 28 的安装过程,介绍了采用多种方式进行登录 Fedora 系统,最后介绍了在虚拟机上安装 Fedora 28 的过程。

实　验　二　安装 Linux

1.在虚拟机环境中安装 Linux 操作系统。

2.卸载安装的 Linux 操作系统。

练 习

1. 安装系统时,分割 Partition 相当重要,其分割大小(　　)。

A 有一固定的比例　　　　　　　　　B. 随便皆可

C. 视系统管理员需求而定　　　　　　D. 只要/home 够大就好

2. Linux 的目录中最占磁盘空间的是(　　)目录。

A. /usr　　　　　　B. /etc　　　　　　C. /dev　　　　　　D. /tmp

3. Linux 安装界面上有 3 个选项供用户选择,其中不含(　　)。

A. 如果以图形化模式安装或升级 Linux,按 Enter 键

B. 如果以文本模式安装或升级 Linux,输入"Linux text",然后按 Enter 键

C. 用列出的功能键来获取更多的信息

D. Setup 图标

4. Linux 安装过程不包括(　　)。

A. 语言选择　　　　B. 版本选择　　　　C. 鼠标设置　　　　D. 磁盘分区设置

5. Linux 操作系统的管理员帐号是(　　)。

A. administrator　　　B. superuser　　　C. system　　　　　D. root

6. 命令 fdisk /mbr 的作用是(　　)。

A. 格式化主分区　　　　　　　　　　B. 删除安装在主分区的 Lilo

C. 备份安装在主分区的 Lilo　　　　　D. 安装 Lilo 到主分区

7. hda2 表示(　　)。

A. 第二个 IDE 硬盘　　　　　　　　B. 第二个逻辑盘

C. 第一个 IDE 硬盘的第二个分区　　　D. 第二个主分区

8. 在重新启动 Linux 系统的同时把内存中的信息写入硬盘,应使用(　　)命令实现。

A. ♯ reboot　　　　　　　　　　　　B. ♯ halt

C. ♯ reboot　　　　　　　　　　　　D. ♯ shutdown -r now

9. 关闭 Linux 系统(不重新启动)可使用命令(　　)。

A. Ctrl+Alt+Del　　　　　　　　　B. halt

C. shutdown -r now　　　　　　　　 D. reboot

10. 关闭 Linux 系统(不重新启动)可使用命令(　　)。

A. Ctrl+Alt+Del　　　　　　　　　B. halt

C. shutdown -r now　　　　　　　　 D. reboot

11. Linux 根分区的大小为(　　)比较合适。

A. 512 KB　　　　　　　　　　　　B. 5 GB

C. 1 MB　　　　　　　　　　　　　D. 和内存同样的大小

12. Linux 的安装过程中磁盘分区选项中不包括(　　)。

A. 自动分区　　　　　　　　　　　　B. Disk Druid 手工分区

C. 使用已存在的 Windows 分区　　　 C. 使用已存在的 Linux 分区

13. Linux 安装程序提供了两个引导装载程序(　　　)。

A. GROUP 和 LLTO
B. DIR 和 COID
C. GRUB 和 LILO

14. 下面关于 grub 的描述,正确的是(　　　)。

A. grub 不能引导 Windows 操作系统

B. grub 可以引导 Windows 操作系统

C. grub 的配置文件写在每个用户的用户目录里面

D. grub 的系统选择菜单里面最多只能有 2 个操作系统选项

15. 下面关于 grub 的描述,不正确的是(　　　)。

A. grub 不能引导 Windows 操作系统

B. grub 可以引导 Windows 操作系统

C. grub 的系统选择菜单在配置文件/boot/grub/menu. lst 里面可以更改

D. grub 的系统选择菜单里面可以有多个操作系统选项

16. Linux 中权限最大的帐户是(　　　)。

A. admin
B. root
C. guest
D. super

17. 关于 Linux 下硬件的说法,正确的是(　　　)。

A. 显卡不需要驱动

B. 声卡不需要驱动

C. 硬件支持可以放在内核中

D. 硬件支持不可以放在内核中

18. 目前最新版本的 Linux 可以支持下列哪种 CPU(　　　)。

A. 32 位 intel/AMD 的 CPU
B. 64 位 AMD 的 CPU
C. 迅驰的 CPU
D. 以上都支持

19. 可以被 Linux 支持的硬件设备有(　　　)。

A. nvidia 的显卡
B. Creative 的声卡
C. Intel 的集成显卡
D. 以上均支持

20. 关于 Linux 硬件支持描述,不正确的是(　　　)。

A. 目前 Linux 还不能支持千兆网卡

B. Linux 下可以使用 Nvidia 的显卡

C. Linux 可以支持 Modem

D. Linux 可以使用打印机

21. Linux 是否支持多处理器(　　　)。

A. 支持
B. 不支持
C. 不知道

22. 以下命令不可以用来关闭计算机(　　　)。

A. shutdown
B. poweroff
C. halt
D. reboot

23. 安装 Linux 系统的过程中,在创建一个新的分区的时候,若此时已经存在了 4 个分区,当我们再创建第 5 个分区的时候,发现创建失败,那么最有可能的情况是(　　　)。

A. 硬盘无法创建超过 4 个分区

B. 需要最后创建 swap 分区

C. 已经创建了 4 个主分区

D. Linux 不能安装在超过 4 个分区硬盘上

24. 在安装 Linux 操作系统时,默认创建的用户是(　　　)。

A. admin　　　　　　B. Admin　　　　　　C. root　　　　　　D. Root

25. 如果系统管理员忘记了 root 密码,可以使用什么方法来重新获得 root 密码(　　　)。

A. 使用 sniffer 工具进行暴力破解

B. 编辑/etc/passwd 文件

C. 使用 livecd 重置 root 密码

D. 使用 root 组的其他用户重设 root 密码

26. Linux 的内核与其关联的文件通常保存在哪个目录中(　　　)。

A. /　　　　　　　　B. /boot　　　　　　C. /root　　　　　　D. /sbin

27. 默认的运行级别保存在(　　　)。

A. /etc/inittab　　　B. /etc/fstab　　　　C. /etc/runlevel　　D. /etc/startup

28. 系统鉴别 root 用户的依据是(　　　)。

A. 用户名是 root 的用户　　　　　　　　B. uid 是 0 的用户

C. 口令中包含 root 的帐户　　　　　　　D. 第一个登录系统的帐户

29. 执行 reboot 命令系统会进入(　　　)运行级别。

A. 0　　　　　　　　B. 1　　　　　　　　C. 2　　　　　　　　D. 6

第3章
图形界面与命令行

3.1　Linux 桌面

3.1.1　X Window

X Window 并不是一个软件,而是一个协议(Protocol),这个协议定义一个系统成品所必须具备的功能(就如同 TCP/IP,DECnet 或 IBM 的 SNA,这些也都是协议,定义软件所应具备的功能)。任何系统能满足此协议及符合 X 协会其他的规范,便可称为 X 系统。

X Window 于 1984 年在麻省理工学院(MIT)电脑科学研究室开始开发,当时 Bob Scheifler 正在发展分散式系统(Distributed system),同一时间 DEC 公司的 Jim Gettys 正在麻省理工学院实施 Athena 计划。这两个计划都需要一个相同的东西——一套在 UNIX 机器上运行优良的视窗系统。因此合作关系开始展开,他们从斯坦福大学得到了一套叫作 W 的实验性视窗系统。因为是根据 W 视窗系统的基础开始发展的,所以当发展到了足以和原先系统有明显区别时,他们把这个新系统叫作 X 系统。

X 系统为开发基于图形的分布式应用程序提供软件工具和标准应用程序编程接口。它完成的应用是与硬件无关的,这意味着这些应用可以在支持 X 窗口环境的任何系统上运行。完整的这种环境通常被简单地称为"X"。X 系统在位映射屏幕上的一个或多个窗口中运行程序。用户可以在每个窗口同时在系统上运行多个程序,并且通过用鼠标单击它们在窗口之间进行转换。现在几乎所有的操作系统都能支持与使用 X。更重要的是,GNOME 和 KDE 也都是以 X 系统为基础建构成的,在 Fedora 系统登录后,可进行桌面环境选择,如图 3-1 所示。

X 系统不像早期的视窗系统那样把一批同类软件集中在一起,而是由 3 个相关的部分组合起来的,分别是 X 服务器、X 客户端、X 协议。

X 服务器(X Server)是一个管理显示的进程,必须运行在一个有图形显示能力的电

图 3-1　桌面环境选择

脑上。理论上，一台电脑上可以同时运行多个 X 服务器，每个 X 服务器能管理多个与之相连的显示设备。X 服务器运行 X 窗口管理器程序，这个程序提供 GUI 界面。现在可以使用两种窗口管理器：Motif 和 Open Look。它们在功能上是类似的，并且运行相同的程序。

　　X 客户端（X Client）是一个使用 X 服务器显示其资料的程序，它可以运行在与 X 服务器不同的电脑上。每个程序窗口都被称为 X 客户，并且与在同一个机器上运行的 X 服务器程序以客户机/服务器关系进行交互。

　　X 协议（X Protocol）是 X 客户程序和服务器进行通信的一套协定，X 协议支持网络，能在本地系统和网络中实现这个协议，支持的网络协议有 TCP/IP、DECnet 等。

　　X 服务器和远程 X 客户机之间的接口是面向事件的，并且是基于 X 协议的。这种协议在传输控制协议/Internet 协议（TCP/IP）之上运行。在一些情况下，一些厂商通过增加像三维图像等功能来增强 X 窗口环境。X 窗口环境的一个优势是，服务器应用程序可以在任何平台上运行，并且这个应用程序可以在公用运输协议之上与这个客户机交换一组消息。于是，开发人员就可以在许多系统上建立 X 窗口认可的应用程序，并且这些应用程序可以被任何支持 X 窗口的工作站访问。

　　X 窗口是开放软件基金会（OSF）的 Motif 和 Open Look 系统的用户接口。Sun 公司的 Solaris 2 操作系统也实现了由 AT&T 开发的 X 窗口实现。

3.1.2　GNOME 桌面

　　GNOME，即 GNU 网络对象模型环境（The GNU Network Object Model Environment），是 GNU 计划的一部分，也是开放源码运动的一个重要组成部分。

　　GNOME 的目标是基于自由软件，为 UNIX 或者类 UNIX 操作系统构造一个功能完善、操作简单以及界面友好的桌面环境，它是 GNU 计划的正式桌面。

GNOME 桌面包括三个部分,从上到下分别是:菜单面板(顶端灰色条)、桌面区域、窗口列表面板(底端灰色条),如图 3-2 所示。

图 3-2 GNOME 桌面

该桌面环境下集成了诸多的软件,如:Computer、Maria′s Home、Trash 等。

3.1.3 KDE 桌面

KDE 是一个自由软件项目,主要产品是一个运行于 UNIX 以及 Linux、FreeBSD 等类 UNIX 操作系统上面的桌面环境,如图 3-3 所示。项目的目的是提供基本的桌面功能和日常必需的应用程序,以及提供开发者编写独立的应用程序的工具和文档。许多独立应用程序和规模较小的项目是基于 KDE 的技术,这些软件包括 KOffice、KDevelop、Amarok、K3b 和许多其他应用程序。

KDE 软件是基于 Qt 程序库开发的。功能完整的 KDE 程序可以运行在 Linux、BSD、Solaris、Microsoft Windows 和 Mac OS X 等平台上。

3.1.4 Xfce 桌面

Xfce 是一个桌面环境,就像 GNOME 和 KDE。它包含了一系列应用程序,比如根窗口、窗口管理器、文件管理器、面板等。Xfce 是一款适用于多种 UNIX 系统的轻量级桌面环境,如图 3-4 所示。它被设计用来提高用户的效率,在节省系统资源的同时,能够快速加载和执行应用程序。

Xfce 是用 GTK2 toolkit 编写的,同时也包含了其自己的开发环境(库、守护进程等),和其他大型的桌面环境差不多。Xfce 同时为程式设计者提供开发框架。除了 Xfce 本

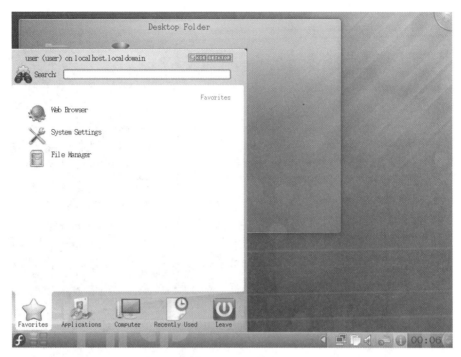

图 3-3　KDE 桌面

图 3-4　Xfce 桌面

身,还有第三方的程式使用 Xfce 的程序库,如终端模拟器、文件管理器、邮件阅读器、网络
浏览器等,如图 3-5 所示。

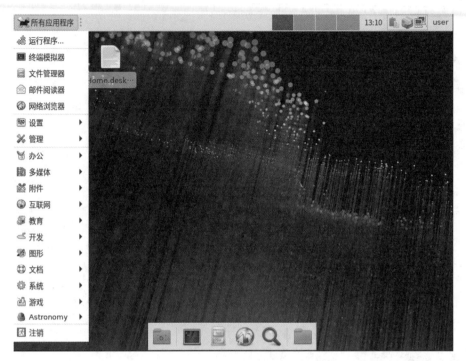

图 3-5　Xfce 程序

3.2　Linux 字符界面

3.2.1　认识 Linux Shell

Shell 是系统的用户界面,提供了用户与内核进行交互操作的一种接口。它接收用户输入的命令并把它们送入内核去执行。

实际上 Shell 是一个命令解释器,不仅如此,Shell 有自己的编程语言用于对命令的编辑,它允许用户编写由 Shell 命令组成的程序。Shell 编程语言具有普通编程语言的很多特点,比如它也有循环结构和分支控制结构等,用这种编程语言编写的 Shell 程序与其他应用程序具有同样的效果。

每个 Linux 系统的用户可以拥有他自己的用户界面或 Shell,用以满足他自己专门的 Shell 需要。同 Linux 本身一样,Shell 也有多种不同的版本。目前主要有下列版本的Shell:

Bourne Shell:贝尔实验室开发的。

BASH:GNU 的 Bourne Again Shell,是 GNU 操作系统上默认的 Shell。

Korn Shell:对 Bourne Shell 的发展,在大部分内容上与 Bourne Shell 兼容。

C. Shell:SUN 公司 Shell 的 BSD 版本。

3.2.2　Linux 虚拟控制台

Linux 是一个真正的多用户操作系统,这表示它可以同时允许多个用户登录。Linux 还允许一个用户进行多次登录,这是因为 Linux 和许多版本的 UNIX 一样,提供了虚拟控制台的访问方式,允许用户在同一时间从控制台进行多次登录。

在字符界面下,虚拟控制台的操作可以通过按下 Alt 键和一个功能键来实现,通常使用 F1～F2 键。

如果用户在图形界面下,就可以使用 Ctrl＋Alt＋F1～F6 键切换不同的字符虚拟控制台,再使用 Ctrl＋Alt＋F7 键切换回到图形界面。

虚拟控制台可使用户同时在多个控制台上工作。

3.2.3　在控制台里使用帮助命令——man

man 是用来排版并显示线上求助手册,此版本了解 MANPATH 与(MAN)PAGER 这两个环境变数,所以你可以拥有个人的线上手册,并选择任何程式来显示已排版的手册。其命令格式如下:

man [-acdfhkKtwW][-m system][-p string][-C config_file][-M path][-P pager] [-S section_list][section]name...

如果指定了 section,则 man 只会显示该手册的特定章节。用户也可以利用选项或是环境变数来指定搜寻的次序或是排版之前的处理工具。如果 name 包含了"/",则 man 会先搜寻所指定的档案,所以用户可以 man. /foo. 5 或者是 man/cd/foo/bar. 1. gz。

man 当中各个选项含义如下:

-C:config_file 指定设定档 man. conf;默认值是/etc/man. conf。

-M:path 指定了线上手册的搜寻路径。如果没有指定,则使用环境变数 MANPATH 的设定;如果没有使用 MANPATH,则使用/usr/lib/man. conf 内的设定;如果 MANPATH 是空字串,则表示使用默认值。

-P:pager 指定使用何种 pager。man 会优先使用此选项设定,然后依环境变数 MANPAGER 设定,然后是环境变数 PAGER;man 默认使用/usr/bin/less-is。

-S:section_list 指定 man 所搜寻的章节列表(以冒号分隔),此选项会覆盖环境变数 MANSECT 的设定。

-a:man 默认在显示第一个找到的手册之后就会停止搜寻,使用此选项会强迫 man 显示所有符合 name 的线上手册。

-c:即使有最新的 catpage,还是对线上手册重新做排版,本选项在屏幕的行列数改变时或已排版的线上手册损坏时特别有意义。

-d:不要真的显示线上手册,只显示除错讯息。

-D:同时显示线上手册与除错讯息。

-f:功能同 whatis。

-h:显示帮助信息,然后结束程序。

-k:功能同 apropos。

-K:对所有的线上手册搜寻所指定的字串。提示:本功能回应速度可能很慢,如果指定 section 会提高速度。

-m:system 依所指定的 system 名称而指定另一组的线上手册。

-p:string 指定在 nroff 或 troff 之前所执行的处理程式不是所有的安装都会有完整的前处理器。各个前处理器所代表的字母分别为 eqn(e),grap(g),pic(p),tbl(t),vgrind(v),refer(r)。本选项覆盖环境变数 MANROFFSEQ 的设定。

-t:使用/usr/bin/groff-Tps-mandoc 来对线上手册进行排版,并将结果显示至 stdout。/usr/bin/groff-Tps-mandoc 的输出结果可能还需要特定的过滤器才能列印(如 bg5ps)。

-W:功能类-w,但每行只显示一个文件名,不显示额外的讯息。

小　结

　　本章首先介绍 Linux 图形环境的基本工作原理和基本概念,然后分别介绍了 KDE 桌面、GNOME 桌面、Xfce 桌面。Linux 字符界面中介绍了 Shell 的概念、Linux 虚拟控制台的使用方法以及如何使用 man 命令获得帮助。

实　验 二　图形界面与虚拟控制台登录

1.设置系统启动方式分别为图形界面方式和虚拟控制台方式。

2.图形界面方式与虚拟控制台相互切换的方法。

练　习

1. Linux 下的桌面环境有(　　)。

A. KDE　　　　　　　B. GNOME　　　　　C. Xfce　　　　　　　D. 以上皆是

2. 下面(　　)命令不能退出 Shell。

A. logout　　　　　　B. exit　　　　　　C. quit　　　　　　D. Ctrl+D

3. 从图形界面切换到文字终端界面(tty1)需要(　　)组合键。

A. Alt+F1　　　　　　B. Shift+F1　　　　C. Ctrl+F1　　　　D. Ctrl+Alt+F1

4. 从文字终端界面 tty2 切换到 tty1 需要(　　)组合键。

A. Alt+F1　　　　　　B. Shift+F1　　　　C. Ctrl+F1　　　　D. Esc+F1

5. 在安装过程中,如果没有设置好 X Window 系统,那么我们只能重新安装才能在安装结束后使用 X 窗口环境(　　)。

A. 正确　　　　　　　B. 错误

6.虚拟控制台登录就是使用文本方式登录(　　)。

A.正确　　　　　　　　B.错误

7.Linux 中的超级用户为 root,登录时不需要口令(　　)。

A.正确　　　　　　　　B.错误

8.以指定的端口登录远程主机的命令是(　　)。

A.ssh -p　　　　　　B.ssh -P　　　　　　C.telnet -p　　　　　　D.telnet -P

9.在 Linux 系统下,X Window 主要是指系统底层的标准图形工具,而应用程序所依赖的基本图形操作由程序自己维护(　　)。

A.正确　　　　　　　　B.错误

10.在 man 手册的 9 个章节中,(　　)是用来描述管理员级别的命令的章节。

A.章节 1　　　　　　B.章节 2　　　　　　C.章节 8　　　　　　D.章节 n

第4章

进程管理

　　Linux 是一个多用户、多任务的操作系统。在这样的系统中,各种计算机资源(如文件、内存、CPU 等)的分配和管理都以进程为单位。为了协调多个进程对这些共享资源的访问,操作系统要跟踪所有进程的活动,以及它们对系统资源的使用情况,从而实施对进程和资源的动态管理。

4.1　Linux 进程概述

4.1.1　进程的含义

　　程序是存储在磁盘上包含可执行机器指令和数据的静态实体,而进程是在操作系统中执行的特定任务的动态实体。一个程序允许有多个进程,而每个运行中的程序至少有一个进程。以 FTP 服务器为例,若有多个用户使用 FTP 服务,则系统会开启多个服务进程以满足用户的需求。

　　作为一个多用户多任务操作系统,Linux 中每个进程与其他进程都是彼此独立的,都有自己独立的权限与职责。用户的应用程序不会干扰到其他用户的程序或者操作系统本身。进程间有并列关系,还有父进程和子进程的关系。这种进程间的父子关系实际上是管理和被管理的关系。当父进程终止时,子进程也随之而终止。但子进程终止,父进程并不一定终止。比如 WWW 服务器 httpd 运行时,其子进程服务完毕,父进程并不会因为子进程的终止而终止。

　　Linux 操作系统包括如下 3 种不同类型的进程,每种进程都有其自己的特点和属性。

　　交互进程:由 Shell 启动的进程。可在前台运行,也可以在后台运行。

　　批处理进程:和终端没有联系,是一个进程序列。

　　守护进程:Linux 系统启动时的进程,并在后台运行。

4.1.2　Linux 进程的组成

Linux 中进程和任务是一个概念,在核心态中称作任务而在用户态中就叫进程。一般来说,Linux 系统中的进程都具有 4 个要素。

(1)有一个程序正文段供其执行。

(2)有进程专用的系统堆栈空间。

(3)有一个进程描述符,即在内核中的一个 task_struct 数据结构。有了这个数据结构,进程才能成为内核调度的一个基本单位,接受内核的调度。同时,该结构还记录着进程所占用的各项资源。

(4)有一个独立的地址空间,即拥有专有的用户空间和专用的用户空间堆栈。

如果缺了 4 个要素中的任何一个,就不能成为进程。如果只具备前 3 条,那么就称其为线程。如果完全没有用户空间,就称其为内核线程。如果共享用户空间,则称其为用户线程。Linux 内核提供了对线程的支持,因此也就没有必要再在进程内部,即用户空间中自行实现线程。在 Linux 系统中,许多进程在创建之初都与其父进程共用同一个存储空间,所以严格说来还是线程。但是子进程可以建立自己的存储空间,并与父进程"分道扬镳",成为真正意义上的进程。在 Linux 中,没有为线程单独定义数据结构,因此,Linux 中进程和线程没有区别。

4.1.3　进程控制块

Linux 是一个多任务、多进程操作系统,它要保证 CPU 时刻保持在使用状态,就要由调度程序完成进程之间的切换。进程即程序的一次执行。从组成上看,进程可划分为 3 个部分:PCB、指令与数据。从动态执行的角度来看,进程可视为在操作系统根据 PCB 进行调度而分配的若干时间片内对程序的执行以及对数据的操作过程。PCB 是操作系统对进程管理的依据和对象。为了实现进程调度,PCB 中必须存有进程标识、状态、调度方法以及进程的上下文等信息。而每个进程运行在各自不同的虚拟地址空间,需要有虚实地址映射机制。为了达到控制目的,PCB 中存有进程链信息以及时钟定时器等。PCB 中还有用于通信的内容(如信号、信号量)等。操作系统便是根据这些信息来控制和管理每个进程的创建、调度切换以及消亡。

Linux 内核利用一个数据结构(task_struct)标记一个进程的存在。task_struct 也就是 Linux 进程控制块 PCB,表示每个进程的数据结构指针形成了一个 task 数组(Linux 中,任务和进程是两个相同的术语),这种指针数组有时也被称为指针向量。这个数组的大小默认为 512,表明在 Linux 系统中能够同时运行的进程最多可有 512 个。当建立新的进程时,Linux 为新的进程分配一个 task_struct 结构,然后将其指针保存在 task 数组中。

task_struct 结构的包括进程调度信息、进程队列指针、进程标识等信息。

4.2 进程状态

4.2.1 进程基本状态

通常在操作系统中,进程至少要有 3 种基本状态:运行态、就绪态和阻塞态。

(1)运行态:当前进程已分配到 CPU,它的程序正在处理器上执行时的状态。处于这种状态的进程个数不能大于 CPU 的数目。在一般单 CPU 机制中,任何时刻处于运行状态的进程至多有一个。

(2)就绪态:进程已具备运行条件,但因为其他进程正占用 CPU,所以暂时不能运行而等待分配 CPU 的状态。一旦把 CPU 分给它,立即就可运行。在操作系统中,处于就绪状态的进程数目可以有多个。

(3)阻塞态:进程因等待某种事件发生(例如等待某一输入、输出操作完成,等待其他进程发来的信号等)而暂时不能运行的状态。也就是说,处于封锁状态的进程尚不具备运行条件,即使 CPU 空闲,它也无法使用。这种状态有时也称为不可运行状态或挂起状态。系统中处于这种状态的进程数目可以有多个。

进程的状态可依据一定的条件和原因而变化,如图 4-1 所示。一个运行的进程可因某种条件未满足而放弃 CPU,变为阻塞态。以后条件得到满足时,它又变成就绪态。仅当 CPU 被释放时才从就绪态进程中挑选一个合适的进程去运行,被选中的进程从就绪态变为运行态。挑选进程、分配 CPU 这个工作是由进程调度程序完成。

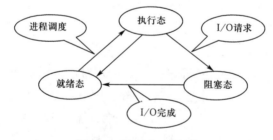

图 4-1　进程状态及其转换

4.2.2 Linux 进程状态及其转换

在 Linux 系统中进程(Process)和任务(Task)是同一个意思。Linux 中六种进程状态及其转换,如图 4-2 所示。

(1)运行态(TASK RUNNING):此时进程正在运行(系统的当前进程)或者准备运行(就绪态)。

(2)等待态:此时进程在等待一个事件的发生或某种系统资源。Linux 系统分为两种等待进程,分别为可中断等待进程(TASK_INTERRUPTIBLE)和不可中断等待进程(TASK_UNINTERRUPTIBLE)。可中断等待进程可以被某一信号(Signal)中断;而不可中断等待进程不受信号的打扰,将一直等待硬件状态的改变。

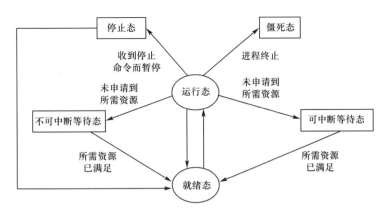

图 4-2　Linux 进程状态及其转换

（3）停止态（TASK STOPPED）：进程被停止，通常是通过接收一个信号。正在被调试的进程可能处于停止状态。

（4）僵死态（TASK ZOMBIE）：由于某些原因被终止的进程，但是该进程的控制结构 task struct 仍然保留着。

4.2.3　进程状态的切换时机

当前进程放弃 CPU 从而其他进程得到运行机会的情况可以分为两种：进程主动放弃 CPU 和被动放弃 CPU。

进程主动放弃 CPU 大体可以分为两类：第一类是隐式地主动放弃 CPU。这往往是因为需要的资源目前不能获取，如执行 read()、select() 等系统调用的过程中。这种情况下的处理过程如下：

（1）将进程加入合适的等待队列。

（2）把当前进程的状态改为 TASK_INTERRUTIBLE 或 TASK_UNINTERRUTIBLE。

（3）调用 schedule() 函数，该函数的执行结果往往是令当前进程放弃 CPU。

（4）检查资源是否可用，如果不可用，则跳转到第（2）步。

（5）资源已可用，将该进程从等待队列中移去。

第二类是进程显式地主动放弃 CPU，如系统调用 sched_yield()、sched_setscheduler() 及 pause() 均会导致当前进程让出 CPU。

进程被动放弃 CPU 又分成两种情形，其一是当前进程的时间片已经用完，其二是刚被唤醒的进程的优先级别高于当前进程。两种情形均会导致当前进程描述符的 need_resched 被置 1。从进程调度时机的角度来讲，也可以分成两种情形。一种是直接调用 schedule() 调度函数，例如上面提到的进程主动放弃 CPU 的第一类情形。另一种是间接调用 schedule() 调度函数，例如进程被动放弃 CPU 的情形。当进程描述符的 need_resched 被置 1 时，并不立即直接调用 schedule() 调度函数，而是在随后的某个时刻，当进程从内核态返回用户态之前检查 need_resched 是否为 1。如果为 1，则调用 schedule() 函数，开始重新调度。

4.2.4　进程的工作模式

在 Linux 系统中，进程的执行模式划分为用户模式和内核模式。如果当前运行的是用户程序、应用程序或者内核之外的系统程序，那么对应进程就在用户模式下运行；如果在用户程序执行过程中出现系统调用或者发生中断事件，就要运行操作系统（核心）程序，进程模式就变成内核模式。在内核模式下运行的进程可以执行机器的特权指令；而且，此时该进程的运行不受用户的干预，即使是 root 用户也不能干预内核模式下进程的运行。

按照进程的功能和运行的程序分类，进程可划分为两大类：一类是系统进程，只运行在内核模式，执行操作系统代码，完成一些管理性的工作，例如内存分配和进程切换；另外一类是用户进程，通常在用户模式中执行，并通过系统调用或在出现中断、异常时进入内核模式。

通常为了系统安全用户进程只运行于用户模式下运行。

4.3　Linux 的进程控制

4.3.1　进程的创建

与 UNIX 操作系统对进程的管理相似。Linux 系统中各个进程构成树形的进程族系。当系统启动时，系统运行在内核方式。系统初始化结束时，初始进程启动一个内核线程（init），而自己则处于空循环状态。当系统中没有可运行的进程时，调度程序将运行这一空闲进程。空闲进程的 task_struct 是唯一一个非动态分配的任务结构，该结构在内核编译时分配，称为 init_task。init 内核线程/进程的标识号为 1，它是系统的第一个真正进程。它负责初始的系统设置工作，例如打开控制台，挂装文件系统等。然后 init 进程执行系统的初始化程序，这一程序可以是/etc/init、/bin/init 或/sbin/init。init 程序将/etc/inittab当作脚本文件建立系统中新的进程，这些新的进程又可以建立新进程。例如 getty 进程可建立 login 进程来接受用户的登录请求。

除此之外，所有其他的进程和内核线程都由原始进程或其子孙进程所创建。用户和系统交互作用过程中，由 shell 进程为输入的命令创建若干进程，每个子进程执行一条命令。执行命令的子进程也可以再创建子进程。这棵进程树除了同时存在的进程数受到限制外，树形结构的层次可以不断延伸。

在 Linux 操作系统中，除初始化进程外，其他进程都是用系统调用 fork() 和 clone()创建的，调用 fork() 和 clone()的进程是父进程，被生成的进程是子进程。在 fork() 函数中，首先分配进程控制块 task_struct 的内存和进程所需的堆栈，并检测系统是否可以增加新的进程；然后，拷贝当前进程的内容，并对一些数据成员进行初始化，再为进程的运行做准备；最后，返回生成的新进程的进程标识号（pid）。如果进程是根据 clone()产生的，那么,它的进程标识号就是当前进程的进程标识号,并且对于进程控制块中的一些成员指针并不进行复制,而仅仅把这些成员指针的计数 count 增加 1。这样,父子进程可以有效地共享资源。

新进程是通过复制老进程或当前进程而创建的。fork()和 clone()二者之间存在差别。fork()是全部复制,即父进程所有的资源全部通过数据结构的复制"传"给子进程,而clone()则可以将资源有选择地复制给子进程,没有被复制的数据结构则通过指针的复制让子进程共享。所以,系统调用 fork()是无参数的,而系统调用 clone()要带参数。

创建新进程时,系统从物理内存中为它分配一个 task_struct 数据结构和进程系统栈,新的 task_struct 数据结构加入进程向量中,并且为该进程指定唯一的 PID 号,然后复制基本资源,如 task_struct 数据结构、系统空间堆栈、页表等,对父进程的代码及全局变量则不需要复制,仅通过只读方式实现资源共享。

在创建进程时,Linux 允许父子进程共享某些资源。可共享的资源包括文件、文件系统、信号处理程序以及虚拟内存等。当某个资源被共享时,将该资源的引用计数值加 1。在进程退出时,将所引用的资源的引用计数减 1。只有在引用计数为 0 时,才表明这个资源不再被使用,此时内核才会释放这些资源。

4.3.2　进程的等待

父进程创建子进程的目的是让子进程替自己完成某项工作。因此,父进程创建子进程之后,通常等待子进程运行终止。父进程可用系统调用 wait3()等待它的任何一个子进程终止,也可以用系统调用 wait4()等待某个特定的子进程终止。

4.3.3　进程的终止

在 Linux 系统中,进程主要是作为执行命令的单位运行的,这些命令的代码都以系统文件形式存放。当命令执行完,希望终止自己时,可在其程序末尾使用系统调用 exit()。用户进程也可使用 exit()终止自己。exit()首先释放进程占用的大部分资源,然后进入TASK_ZOMBIE 状态,调用 schedule()重新调度。

4.3.4　进程上下文切换

子进程被创建后,通常处于"就绪态",以后被调度程序选中才可运行。由于在创建子进程的过程中,要把父进程的上下文复制给子进程,所以子进程开始执行的入口地址就是父进程调用 fork()建立子进程上下文时的返回地址,此时二者的上下文基本相同。如果子进程不改变其上下文,必然重复父进程的过程。为此,需要改变子进程的上下文,使其执行另外的特定程序(如命令所对应的程序)。

改变进程上下文的工作很复杂,是由系统调用 execve()实现的。它用一个可执行文件的副本覆盖该进程的内存空间。

4.4 进程调度

4.4.1 调度策略

为了符合 POSIX 标准，Linux 中实现了 3 种进程调度策略。

SCHED_FIFO：先进先出（First In First Out）策略。

SCHED_RR：轮转调度（Round Robin）策略。

SCHED_OTHER：其他策略。

操作系统的进程调度机制需要兼顾 3 种不同类型的进程需要。

（1）交互进程。这种进程需要经常响应用户操作，着重于系统的响应速度，使共用一个系统的各个用户都感到自己在独占系统。一般来说，平均延时要小于 150 ms。典型的交互程序有 Shell、文本编辑器和 GUI 等。

（2）批处理进程。这种进程称作"后台作业"，在后台运行，对响应速度并无要求，只考虑其"平均速度"。如编译程序、科学计算程序等就是典型的批处理进程。

（3）实时进程。这种进程对时间性有很高的要求，不仅考虑进程执行的平均速度，还要考虑任务完成的时限性。

在 Linux 调度策略中，SCHED_FIFO 适合于实时进程，它们对时间性要求比较强，而每次运行所需的时间比较短。SCHED_RR 对应"时间片轮转法"，适合于每次运行需要较长时间的实时进程。SCHED_OTHER 适合于交互式分时进程。

Linux 的进程调度方式是有条件的可抢先方式。Linux 的进程调度由 schedule() 函数实现。当进程在用户态运行时，不管自愿与否，一旦有必要（例如已经运行了很长的时间），内核就可以暂时剥夺其运行权利，调度其他进程运行。

4.4.2 进程的调度算法及其执行过程

Linux 是在一个运行队列中实现这 3 种不同的调度。发生进程调度时，调度程序要在运行队列中选择一个最值得运行的进程来执行，这个进程便是通过在运行队列中一一比较各个可运行进程的权重来选择的。权重越大的进程越优先，而对于相同权重的进程，在运行队列中的位置越靠前越优先。

调度策略为 SCHED_RR 的实时进程，在分配的时间片到期后，插入运行队列的队尾。对于相对优先级相同的其他 SCHED_RR 进程，此时它们的权重相同，但由于调度程序从运行队列的头部开始搜索，当前进程在队尾不会先被选择，其他进程便有了更大的机会执行。这个进程执行直至时间片到期，也插入队尾。同样，此时就会先选择上一次运行的那个进程。这便是"循环赛"策略名字的由来。

与 SCHED_RR 不同的是，调度策略为 SCHED_FIFO 的进程，在时间片到期后，调度程序并不改变该进程在运行队列中的位置。于是，除非有一个相对优先级更高的实时进程，否则将一直执行该进程，直至该进程放弃执行或结束。这也是"先进先出"策略名称的由来。

一个优秀的调度算法必须在算法的计算量和算法的有效性之间做出平衡,因此,很难构造一种理论模型,证明某种算法是较优的,而且也没有哪种算法在任何情况下都是最优的。Linux 内核的调度算法能够适应一般的应用,但是在实时系统中,或者是进程数量很大的情况,并不能发挥出最高的效率。这时可以重新改写该算法并重新编译内核,以适应那些特殊的场合。

4.5   Linux 进程通信

4.5.1   信   号

1. 信号概述

信号是 UNIX 系统中最古老的进程间通信机制之一,它主要用来向进程发送异步的事件信号。键盘中断可能产生信号,而浮点运算溢出或者内存访问错误等也可产生信号,Shell 通常利用信号向子进程发送作业控制命令。

在 Linux 中,信号种类的数目和具体的平台有关,因为内核用一个字代表所有的信号,因此字的位数就是信号种类的最多数目。对 32 位的 i386 平台而言,一个字为 32 位,因此信号有 32。

Linux 常用信号如下:

(1)SIGHUP:从终端上发出的结束信号。

(2)SIGINT:来自键盘的中断信号(Ctrl+C)。

(3)SIGQUIT:来自键盘的退出信号(Ctrl+\)。

(4)SIGFPE:浮点异常信号(例如浮点运算溢出)。

(5)SIGKILL:该信号结束接收信号的进程。

(6)SIGUSR1:用户自定义。

(7)SIGUSR2:用户自定义。

(8)SIGALRM:进程的定时器到期时,发送该信号。

(9)SIGTERM:kill 命令发出的信号。

(10)SIGCHLD:标识子进程停止或结束的信号。

(11)SIGSTOP:来自键盘(Ctrl+Z)或调试程序的停止执行信号。

2. 进程对信号的操作

进程可以选择对某种信号所采取的特定操作,这些操作如下:

(1)忽略信号:进程可忽略产生的信号,但 SIGKILL 和 SIGSTOP 信号不能被忽略。

(2)阻塞信号:进程可选择阻塞某些信号。

(3)由进程处理的信号:进程本身可在系统中注册处理信号的处理程序地址,当发出该信号时,由注册的处理程序处理此信号。

(4)由内核进行默认处理:信号由内核的默认处理程序处理。大多数情况下,信号由内核处理。

4.5.2 PV 操作

信号量用来保护关键代码或数据结构(临界资源)。关键代码段的访问,是由内核代表进程完成的,如果让某个进程修改当前由其他进程使用的关键数据结构,其后果是不堪设想的。Linux 利用信号量实现对关键代码和数据的互斥访问,同一时刻只能有一个进程访问某个临界资源,所有其他要访问该资源的进程必须等待,直到该资源空闲为止。等待进程处于暂停状态,而系统中的其他进程则可正常运行。

Linux 信号量数据结构中包含的信息主要有以下内容。

1. count(计数)

域用来跟踪希望访问某资源的进程个数,正值表示该资源是可用的,而负值或 0 表示有进程正在等待该资源。计数的初始值为 1,表明同一时刻有且只有一个进程可访问该资源。进程要访问该资源时,对计数减 1,结束对该资源的访问时,对计数加 1。

假定信号量的初始计数为 1,第一个要求访问资源的进程可对计数减 1,并可成功访问资源,现在,该进程是"拥有"由信号量所代表的资源或关键代码段的进程。当该进程结束对资源的访问时,对计数加 1。最优的情况是没有其他进程和该进程一起竞争资源所有权。Linux 针对这种最常见的情况对信号量进行了优化,从而可以让信号量高效工作。当某个进程正使用某资源时,如果其他进程也要访问该资源,需要先将信号量计数减 1。

2. waking(等待唤醒计数)

等待资源的进程个数,也是当资源空闲时等待唤醒的进程个数。由于计数值成为负值(-1),因此进程不能进入临界区,所以必须等待资源的拥有者释放所有权。Linux 将等待资源的进程置入休眠状态,并插入信号量的等待队列中,直到资源所有者退出临界区。此时,临界区的所有者增加信号量的计数,如果计数小于或等于 0,表明其他进程正处于休眠状态而等待资源。资源的拥有者增加 waking 计数,并唤醒处于信号量等待队列中的休眠进程,当休眠进程被唤醒之后,waking 计数的当前值为 1,因此可以进入临界区,这时,它减小 waking 计数,将 waking 计数的值还原为 0。对信号量 waking 域的互斥访问利用信号量的 lock 域作为 Buzz 锁来实现。

3. waitqueue(等待队列)

当某个进程等待资源时就会被添加到资源的等待队列中。在进程的执行过程中,有时难免要等待某些系统资源。例如,如果某个进程要读取一个描述目录的 VFS 索引节点,而该节点当前不在缓冲区高速缓存中,这时,该进程就必须等待系统从包含文件系统的物理介质中获取索引节点,然后才能继续运行。

Linux 利用一个简单的数据结构来处理这种情况。Linux 中等待队列中的元素包含一个指向进程 task_struct 结构的指针,以及一个指向等待队列中下一个元素的指针。对于添加到某个等待队列的进程来说,它可能是可中断的,也可能是不可中断的,当可中断的进程在等待队列中等待时,它可以被诸如定时器到期或信号的发送等事件中断。如果等待进程是可中断的,则进程状态为 INTERRUPTIBLE;如果等待进程是不可中断的,则进程状态为 UNINTERRUPTIBLE。

4. lock(锁)

用来实现对 waking 域互斥访问的 Buzz 锁。

4.5.3 管　道

在 Linux 中,管道是一种使用非常频繁的通信机制。利用管道时,一个进程的输出可成为另外一个进程的输入。当输入/输出的数据量特别大时,这种机制非常有用。可以想象,如果没有管道机制,而必须利用文件传递大量数据时,会造成许多空间和时间上的浪费。

管道是指用于连接一个读进程和一个写进程以实现它们之间通信的一个共享文件,又名 pipe 文件。管道对于管道两端的进程而言,就是一个文件,但它不是普通的文件,它不属于某种文件系统,而是自立门户,单独构成一种文件系统,并且只存在于内存中。一个进程向管道中写的内容被管道另一端的进程读出。写入的内容每次都添加在管道缓冲区的末尾,并且每次都是从缓冲区的头部读出数据。

管道通过调用 pipe()函数创建,管道两端可分别用描述字 fd[0]以及 fd[1]来描述,需要注意的是,管道的两端是有固定任务的。即一端只能用于读,由描述字 fd[0]表示,称其为管道读端;另一端则只能用于写,由描述字 fd[1]来表示,称其为管道写端。如果试图从管道写端读取数据,或者向管道读端写入数据都将导致错误的发生。一般文件的I/O 函数都可以用于管道,如 close、read、write 等。

下面通过一个程序说明管道如何进行通信。

```c
#include<stdio.h>
#include<unistd.h>
int main()
{
    int n,fd[2]; //这里的 fd 是文件描述符的数组,用于为创建管道做准备
    pid_t pid;
    char line[100];
    if(pipe(fd)<0) //创建管道
        printf("pipe create error\n");
    if((pid=fork())<0) //利用 fork()创建新进程
        printf("fork error\n");
    else if(pid>0){
        //这里是父进程,先关闭管道的读出端,然后在管道的写入端写入"hello world"
        close(fd[0]);
        write(fd[1],"hello word\n",11);
    }
    else{
        //这里是子进程,先关闭管道的写入端,然后在管道的读出端读出数据
        close(fd[1]);
        n=read(fd[0],line,100);
        write(STDOUT_FILENO,line,n);
```

```
    }
    exit(0);
}
```

4.5.4　共享存储区与消息队列通信机制

1. Linux 进程间的共享存储区通信

内存中开辟一个共享存储区,多个进程通过该存储区实现通信,这是进程通信中最快捷和有效的方法。进程通信之前,向共享存储区申请一个分区段,并指定关键字。若系统已为其他进程分配了这个分区,则返回关键字给申请者,于是该分区段就可连接到进程的虚地址空间,以后,进程便像通用存储器一样共享存储区段,通过对该区段的读、写直接进行通信。

Linux 与共享存储有关的系统调用有 4 个。

(1)shmget(key,size,permflags):用于建立共享存储区,或返回一个已存在的共享存储区,相应信息登入共享存储区表中。size 给出共享存储区的最小字节数;key 是标识这个段的描述字;permflags 给出该存储区的权限。

(2)shmat(shm_id,daddr,shmfflags):用于把建立的共享存储区连接到进程的逻辑地址空间。shm_id 标识存储区,其值从 shmget 调用中得到;daddr 是用户的逻辑地址;shmfflags 表示共享存储区可读可写或其他性质。

(3)shmdt(memptr):用于把建立的共享存储区从进程的逻辑地址空间中分离出来。memptr 为被分离的存储区指针。

(4)shmctl(shm_id,command,&shm_stat):实现共享存储区的控制操作。shm_id 为共享存储区描述字;command 为规定操作;&shm_stat 为用户数据结构的地址。

当执行 shmget 时,内核查找共享存储区中具有给定 key 的段,若已发现这样的段且许可权可接受,便返回共享存储区的 key;否则,在合法性检查后,分配一个存储区,在共享存储区表中填入各项参数,并设标志指示尚未存储空间与该区相连。执行 shmat 时,首先查证进程对该共享段的存取权,然后把进程合适的虚空间与共享存储区相连。执行 shmdt 时,其过程与 shmat 类似,但需要将共享存储区从进程的虚空间断开。

2. Linux 进程间的消息队列进行通信

Linux 进程间的通信也可以通过消息队列进行。消息队列可以是单消息队列,也可以是多消息队列(按消息类型);既可以单向,也可以双向通信;既可以仅和两个进程有关,也可以被多个进程使用。消息队列所用数据结构如下:

(1)消息缓冲池和消息缓冲区。前者包含消息缓冲池大小和首地址;后者除存放消息正文外,还有消息类型字段。

(2)消息头结构和消息头表。消息头表是由消息头结构组成的数组,个数为 100。消息头结构包含消息类型、消息正文长度、消息缓冲区指针和消息队列中下一个消息头结构的链指针。

(3)消息队列头结构和消息队列头表。由于可有多个消息队列,于是对应每个消息队列都有一个消息队列头结构,消息队列头表是由消息队列头结构组成的数组。消息队列头结构包括:指向队列中第一个消息的头指针,指向队列中最后一个消息的尾指针,队列,消息个数,队列中消息数据的总字节数,队列允许的消息数据最大字节数,最近一次发送/接收消息进程标识和时间。

Linux 消息传递机制的系统调用有 4 个。

(1)建立一个消息队列 msgget。

(2)向消息队列发送消息 msgsnd。

(3)从消息队列接收消息 msgrcv。

(4)取或送消息队列控制信息 msgctl。

当用户使用 msgget 系统调用来建立一个消息队列时,内核查遍消息队列头表以确定是否已有一个用户指定的关键字的消息队列存在。如果没有,内核创建一个新的消息队列,并返回给用户一个队列消息描述符。否则,内核检查许可权后返回。进程使用 msgsnd 发送一个消息,内核检查发送进程是否对该消息描述符有写许可权,消息长度不超过规定的限制等。接着分配给一个消息头结构,链入该消息头结构链的尾部,在消息头结构中填入相应信息,把用户空间的消息复制到消息缓冲池的一个缓冲区,让消息头结构的指针指向消息缓冲区,修改数据结构。然后,内核便唤醒等待该消息队列消息的所有进程。

进程使用 msgrcv 接收一个消息,内核检查接收进程是否对该消息描述符有读许可权,根据消息类型(大于、小于、等于 0)找出所需消息(等于 0 时取队列中的第一个消息;大于 0 时取队列中给定类型的第一个消息;小于 0 时取队列中小于或等于所请求类型的绝对值的所有消息中最低类型的第一个消息),从内核消息缓冲区复制内容到用户空间,从消息队列中删去该消息,修改数据结构,如果有发送进程因消息满而等待,内核便唤醒等待该消息队列的所有进程。用户建立消息队列后,可使用 msgctl 系统调用来读取状态信息并进行修改,如查询消息队列描述符、修改消息队列的许可权等。

4.6 守护进程

守护进程是 Linux 系统 3 种进程之一,也是相当重要的一种。守护进程可以完成很多重要工作,包括系统管理以及网络服务等。本节就将对这些守护进程进行介绍。

4.6.1 守护进程简介

守护进程(Daemon,也称为精灵进程)是指在后台运行而又没有终端或登录 Shell 与之结合在一起的进程。守护进程经常在程序启动时开始运行,在系统结束时停止。这些进程没有控制终端,所以称为在后台运行。Linux 系统有许多标准的守护进程,其中一些周期性地运行来完成特定任务(例如 crond),而其余的则连续地运行,等待处理系统中发生的某些特定的事件(例如 Xin 和 Ipd)。

启动守护进程有如下几种方法:

(1)在引导系统时启动:此种情况下的守护进程通常在系统启动 script 的执行期间被

启动,这些 script 一般存放在/etc/rc.d 中。

（2）人工手动从 Shell 提示符启动:任何具有相应的执行权限的用户都可以使用这种方法启动守护进程。

（3）使用 crond 守护进程启动:这个守护进程查询存放在/var/spool/cron/crontabs 目录中的一组文件,这些文件规定了需要周期性执行的任务。

（4）执行 at 命令启动:在规定的日期执行一个程序。

守护进程一般是由系统在开机时通过脚本自动激活启动或超级管理用户 root 来启动。守护进程总是活跃的,一般是后台运行。由于守护进程是一直运行着的,所以它所处的状态是等待处理任务的请求。

4.6.2　检查和设定守护进程

在 Fedora 28 中,可以通过定义守护进程的启动脚本的运行级别,文件一般位于/etc/init.d 目录下,进程的运行级别为 0 到 6,它由列在/etc/rc.d/rc<x>.d 目录中的服务来定义,其中<x>是运行级别的数字。运行级别如下所示:

0—停运;

1—单用户模式;

2—没有使用(可由用户定义);

3—完全的多用户模式;

4—没有使用(可由用户定义);

5—完全的多用户模式(带有基于 x 的登录屏幕);

6—重新引导。

chkconfig 命令主要用来检查、设定系统的各种守护进程,其语法如下所示:

语法:chkconfig [--add][--del][--list][系统服务]

　　或 chkconfig [--level<等级代号>][系统服务][on/off/reset]

参数:--add 新增所指定的系统服务。

　　　　--del 删除所指定的系统服务。

　　　　--level 指定该系统服务要在哪个执行等级中开启或关闭。

　　　　--list 列出当前可从 chkconfig 指令管理的所有系统服务和等级代号。

　　　　on/off/reset 在指定的执行登记,开启/关闭/重置该系统服务。

以 WWW 服务器 Apache 为例,其文件名是 httpd,/etc/init.d/httpd 就是 httpd 服务器的守护程序。例如:

（1）查看在各种不同的执行等级中,各项服务的状况。

[root@localhost ～]#chkconfig --list

（2）列出系统服务 httpd 在各个执行等级的启动情况。

[root@localhost ～]#chkconfig -list httpd

（3）将 httpd 的运行级别设置为 3 和 5 时,系统启动时,它会跟着启动。

[root@localhost ～]#chkconfig --level 35 httpd on

（4）关闭 httpd。

［root@localhost ～］#chkconfig --level 35 httpd off

当然，也可以使用图形化的工具对守护进程进行配置，"系统"→"管理"→"服务配置"，如图 4-3 所示。如果没有服务配置图形管理界面，可以 RPM 安装 system-config-service 软件包。

图 4-3　服务配置

可以通过"定制运行级别："对话框选择在何种运行级别上启动服务，如图 4-4 所示。

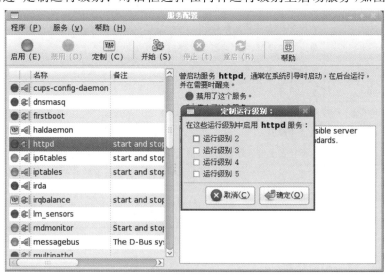

图 4-4　定制服务的运行级别

4.6.3　重要守护进程介绍

表 4-1 为 Linux 系统中一些比较重要的守护进程以及其所具有的功能，用户可以通过这些进程方便地使用系统以及网络服务。

表 4-1　　　　　　　　　　　　Linux 重要守护进程列表

守护进程	功能说明
amd	自动安装 NFS(网络文件系统)
apmd	高级电源管理
httpd	Web 服务器
xinetd	支持多种网络服务的核心守护进程
arpwatch	记录日志并构建一个在 LAN 接口上看到的以太网地址和 IP 地址对数据库
autofs	自动安装管理进程 automount,与 NFS 相关,依赖于 NIS
bootparamd	引导参数服务器,为 LAN 接口上的无盘工作站提供引导所需的相关信息
crond	Linux 下的计划任务
dhcpd	启动一个 DHCP(动态 IP 地址分配)服务器
gated	网关路由守护进程,使用动态的 OSPF 路由选择协议
innd	Usenet 新闻服务器
linuxconf	允许使用本地 Web 服务器作为用户接口来配置机器
lpd	打印服务器
named	DNS 服务器
netfs	安装 NFS、Samba 和 NetWare 网络文件系统
network	激活已配置网络接口的脚本程序
nfsd	NFS 服务器
portmap	RPC portmap 管理器,管理基于 RPC 服务的连接
postgresql	一种 SQL 数据库服务器
routed	路由守护进程,使用动态 RIP 路由选择协议
sendmail	邮件服务器 sendmail
smb	Samba 文件共享/打印服务
snmpd	本地简单网络管理守护进程
squid	激活代理服务器 squid
syslog	一个让系统引导时启动 syslog 和 klogd 系统日志守护进程的脚本
xfs	X 系统字形服务器,为本地和远程 X 服务器提供字形集
xntpd	网络时间服务器
identd	认证服务,在提供用户信息方面与 finger 类似

4.7 启动进程

在 Shell 中执行程序或者在桌面环境中打开某程序,从本质上说就是启动进程。启动一个进程有两个主要途径:用户手动执行和系统调度。手动执行比较简单,因此本节主要对系统调度的进程执行进行介绍。

4.7.1　定时执行——at 命令

at 命令被用来在指定时间内调度一次性的任务,该功能类似于 Windows 中的任务计划。用户就可以事先进行调度安排,指定任务运行的时间或者场合。届时系统将自动启动该进程,自动完成这些工作。

at 命令可以只指定时间,也可以时间和日期一起指定。下面是 at 命令的基本用法:

at [-V] [-q queue] [-f file] [-mldbv] time

at -c job1 [job2 job3 …]

下面对命令中的参数进行说明。

(1)-V:将标准版本号打印到标准错误中。

(2)-q queue:使用指定的队列。队列名称是由单个字母组成,合法的队列名可以是 a～z 或者 A～Z。a 队列是 at 命令的默认队列。

(3)-f file:使用该选项将使命令从指定的文件 file 读取,而不是从标准输入读取。

(4)-m:作业结束后发送邮件给执行 at 命令的用户。

(5)-l:atq 命令的一个别名。该命令用于查看安排的作业序列,它将列出用户排在队列中的作业,如果是超级用户,则列出队列中的所有作业。

(6)-d:atrm 命令的一个别名。该命令用于删除指定要执行的命令序列。

(7)-v:显示作业执行的时间。

(8)-c:将命令行上所列的作业送到标准输出。

其中,atq 命令的用途为显示待执行队列中的作业,其命令格式如下:

atq [-v] [-q queue]

其参数的具体含义与 at 命令相同,不再赘述。

另外,atrm 命令的功能为根据作业编号删除队列中的作业,其基本命令格式如下:

atrm [-V] job1 [job2 job3 ...]

其参数的具体含义也与 at 命令相同,不再赘述。

输入了 at 命令和它的时间参数后,at> 提示就会出现。输入要执行的命令,按 Enter 键,然后按 Ctrl+D 键。at 允许使用一套相当复杂的指定时间的方法,实际上该时间表示方法已经成为 POSIX.2 标准扩展。time 参数可以是下面格式中任何一种。

- HH:MM 格式——如,04:00 代表 4:00AM。如果时间已过,它就会在第二天的这一时间执行。

- midnight——代表 12:00AM。

- noon——代表 12:00PM。

- teatime——代表 4:00PM。

- 英文月名日期年份格式——如,January152002 代表 2002 年 1 月 15 日。年份可有可无。

- MMDDYY、MM/DD/YY 或 MM.DD.YY 格式——如,011502 代表 2002 年 1 月 15 日。

- now+时间——时间以 minutes、hours、days 或 weeks 为单位。如,now+5days 代表命令应该在 5 天之后的此时此刻执行。

下面通过一些例子来说明该命令的具体用法。

//指定在今天下午 6:35 执行某命令。假设现在时间是中午 12:35,2005 年 6 月 11 日

[root@localhost ～]♯ at 6:35pm

[root@localhost ～]♯ at ie:35

[root@localhost ～]♯ at 18:35 today

[root@localhost ～]♯ at now ＋ 6 hours

[root@localhost ～]♯ at now ＋ 360 minutes

[root@localhost ～]♯ at ia:35 11.6.05

[root@localhost ～]♯ at 18:35 6/11/05

[root@localhost ～]♯ at 18:35 Jun 11

以上这些命令表达的意义是完全一样的,所以在安排时间的时候完全可以根据个人喜好和具体情况自由选择。一般采用 24 小时计时法可以避免由于用户自己的疏忽而造成计时错误的情况发生。

在任何情况下,root 用户都可以使用 at 命令。对于其他用户来说,是否可以使用就取决于两个文件:/etc/at.allow 和/etc/at.deny。如果/etc/at.allow 文件存在的话,那么只有在其中列出的用户才可以使用 at 命令;如果该文件不存在,那么将检查/etc/at.deny 文件是否存在,在这个文件中列出的用户均不能使用该命令。如果两个文件都不存在,那么只有超级用户可以使用该命令;空的/etc/at.deny 文件意味着所有用户都可以使用该命令,这也是默认状态。

在实际应用中,如果命令序列较长或者要经常被执行,一般都采用将该序列写到一个文件中,然后将文件作为 at 命令的输入来处理,这样不容易出错。

//将上述命令序列写入文件 job 中

[root@localhost ～]♯ at -f / job 3pm 2/6/10

warning:command will be executed using /bin/sh.

job 1 at 2010-2-6 15:00

4.7.2　空闲时执行——batch 命令

在系统平均载量降到 0.8 以下时执行某项一次性任务,使用 batch 命令。用它来执行低优先级运行作业,该命令几乎和 at 命令的功能完全相同。batch 的执行主要是由系统来控制的,因而用户的干预权力很小。该命令适合于执行占用资源较多的命令。

batch 命令的语法格式也和 at 命令十分相似,如下所示:

batch [-V] [-q queue] [-f file] [-mv] [time]

具体的参数解释与 at 命令相似,这里不再赘述,请参看 at 命令。通常,不用为 batch 命令指定时间参数,因为 batch 本身的特点就是由系统决定执行任务的时间,如果用户再指定一个时间,就失去了该命令本来的意义。下面给出使用该命令的例子。输入 batch 命令,at＞提示就会出现。输入要执行的命令,按 Enter 键,然后按 Ctrl＋D 键退出。

//使用 batch 命令执行在根目录下查询文本文件的功能

[root@localhost ～]♯ batch

at＞ find / -name *.txt

at> <EOT>

job 14 at 2005-06-11 22:59

4.7.3　周期性执行——cron 和 crontab 命令

前面介绍的两条命令都是在一定时间内完成一定的任务,但它们都只能执行一次。在很多时候需要不断重复一些命令,例如需要周期性地备份数据库。完成周期性的任务需要使用 cron 命令。cron 命令通常是在系统启动时就由一个 Shell 脚本自动启动,进入后台(所以不需要使用"&"符号)。一般的用户没有运行该命令的权限。

cron 命令运行时会搜索/var/spool/cron 目录,寻找以/etc/passwd 文件中的用户名命名的 crontab 文件,被找到的这种文件将载入内存。cron 启动以后,将首先检查是否有用户设置 crontab 文件,如果没有就转入"休眠"状态,释放系统资源。所以该后台进程占用资源极少。它每分钟"醒"过来一次,查看当前是否有需要运行的命令。命令执行结束后,任何输出都将作为邮件发送给 crontab 的所有者,或者是/etc/crontab 文件中 MAILTO 环境变量中指定的用户。

实际上,安排周期性任务的命令是 crontab。该命令用于安装、删除或者列出用于驱动 cron 后台进程的表格。crontab 命令基本格式如下:

crontab [-u user] file

crontab [-u user] {-l | -r | -e}

第一种格式用于安装一个新的 crontab 文件,安装来源就是 file 所指的文件,如果使用"."符号作为文件名,那就意味着使用标准输入作为安装来源。

(1)-u:如果使用该选项,也就是指定了是哪个具体用户的 crontab 文件将被修改。如果不指定该选项,crontab 将默认修改当前用户的 crontab,也就是执行该 crontab 命令的用户的 crontab 文件将被修改。

(2)-l:在标准输出上显示当前的 crontab。

(3)-r:删除当前的 crontab 文件。

(4)-e:使用 VISUAL 或 EDITOR 环境变量所指的编辑器编辑当前的 crontab 文件。当结束编辑离开时,编辑后的文件将自动安装。

使用 crontab 命令的用户是有限制的。如果/etc/cron.allow 文件存在,那么只有其中列出的用户才能使用该命令;如果该文件不存在但 cron.deny 文件存在,那么只有未列在该文件中的用户才能使用 crontab 命令;如果两个文件都不存在,那就取决于一些参数的设置,可能是只允许超级用户使用该命令,也可能是所有用户都可以使用该命令。

用户实际上是把要执行的命令序列放到 crontab 文件中以获得执行的。每个用户都可以有自己的 crontab 文件。该文件内容如图 4-5 所示。

前四行是用来配置 cron 任务运行环境的变量。SHELL 变量的值告诉系统要使用哪个 Shell 环境(在这个例子里是 bash Shell);PATH 变量定义用来执行命令的路径。cron 任务的输出被邮寄给 MAILTO 变量定义的用户名。如果 MAILTO 变量被定义为空白字符串(MAILTO=""),电子邮件就不会被寄出。HOME 变量可以用来设置在执行命令或脚本时使用的主目录。

图 4-5　crontab 文件内容

/etc/crontab 文件中的每一行都代表一项任务。该文件中每行都包括六个域,其中前五个域是指定命令被执行的时间,最后一个域是要被执行的命令;每个域之间使用空格或者制表符分隔。格式如下(此处用空格符分隔):

minute hour day-of-month month-of-year day-of-week commands

第一项是分钟,第二项是小时,第三项是一个月的第几天,第四项是一年的第几个月,第五项是一周的星期几,第六项是要执行的命令。这些项都不能为空,必须填入。如果用户不需要指定其中的几项,那么可以使用通配符"＊"代替。"＊"可以认为是任何时间,也就是该项被忽略。在表 4-2 中给出了每项的合法范围。

表 4-2　　　　　　　　　　　　　　时间参数范围表

时　　间	合法范围
minute	00～59
hour	00～23,其中 00 点就是晚上 12 点
day-of-month	01～31
month-of-year	01～12
day-of-week	0～6,其中周日是 0

通过 crontab 命令,用户就可以往 crontab 文件写入无限多的行以完成无限多的命令。命令域中可以写入所有可以在命令行写入的命令和符号,其他所有时间域都能支持列举,也就是域中可以写入很多的时间值,只要满足这些时间值中的任何一个都执行命令,每两个时间值中间使用逗号分隔。

如下列出一些使用上述时间参数形成的命令的例子。

//在每周一、三、五的下午 3:00 系统进入维护状态,重新启动系统

00 15 1,3,5 shutdown -r ＋5

//每小时的 10 分、40 分执行用户目录/user1 下的 calculate 这个程序

10,40 ./user1/calculate

下面给出建立 crontab 文件的具体步骤。

(1)建立文件。假设有个用户名为 user1,要创建自己的一个 crontab 文件。首先可以使用文本编辑器 vi 建立一个新文件,向其写入要运行的命令和要定期执行的时间,存

盘退出。假设该文件为～/job,具体内容如下:

［user1@localhost ～］$ vi job //编辑文件 job

45 11 22 7 ls /etc/ //7 月 22 日 11 点 45 分执行 ls /etc/

(2)安装文件。crontab 文件建立好后,需要使用 crontab 命令来安装这个文件,使之成为该用户的 crontab 文件。命令如下:

［user1@localhost ～］$ crontab job

这样一个 crontab 文件就建立完成,可以转到/var/spool/cron 目录下面查看,发现多了一个 user1 文件,即 crontab 文件。

［user1@localhost - ］$ cd /var/spool/cron //跳转到指定目录

［user1@localhost - ］$ cat user1 //显示文件 user1 内容

该文件内容如下:

♯ DO NOT EDIT THIS FILE - edit the master and reinstall .

♯（job installed on Sun Feb 18 19:30:00 2008）

♯（Cron version - $ Id:crontab. c. v 2.13 1994/01/17 03:20:37 vixie Exp $ ）

45 11 22 ′7 ＊ ls /etc/

其含义为:切勿编辑此文件,如果要改变请编辑源文件然后重新安装。也就是说,如果要改变其中的命令内容时,还需要重新编辑原来的文件,然后再使用 crontab 命令安装。job 文件的安装时间为:2008 年 2 月 18 日 19:30:00,星期日。该文件的任务为:在 7 月 22 日的 11 点 45 分执行命令 ls/etc/。

4.8　管理进程

下面将要详细介绍几个进程管理的命令。使用这些命令,用户可以实时、全面、准确地了解系统中运行进程的相关信息,从而对这些进程进行相应的挂起、中止等操作。

4.8.1　查看进程状态——ps 命令

ps 命令是查看进程状态的最常用的命令,可以提供关于进程的许多信息。根据显示的信息可以确定哪个进程正在运行、哪个进程被挂起、进程已运行多长时间、进程正在使用的资源、进程的相对优先级,以及进程的标识号(PID)等信息。ps 命令的常用格式如下:

ps［option］

以下是 ps 命令常用的选项及其含义。

(1)-a:显示系统中与 tty 相关的(除会话组长之外)所有进程的信息。

(2)-e:显示所有进程的信息。

(3)-f:显示进程的所有信息。

(4)-l:以长格式显示进程信息。

(5)r:只显示正在运行的进程。

(6)u:显示面向用户的格式(包括用户名、CPU 及内存使用情况等信息)。

(7)x：显示所有非控制终端上的进程信息。

(8)--pid：显示由进程 ID 指定的进程的信息。

(9)--tty：显示指定终端上的进程的信息。

直接用 ps 命令可以列出每个与当前 Shell 有关的进程基本信息，如图 4-6 所示。

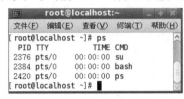

图 4-6　ps 执行后的进程基本信息

显示的结果中，各字段的含义如下：

PID 为进程标识号，TTY 为该进程建立时所对应的终端，"?"表示该进程不占用终端。TIME 为报告进程累计使用的 CPU 时间。注意，尽管觉得有些命令（如 sh）已经运转了很长时间，但是它们真正使用 CPU 的时间却很短，所以，该字段的值往往是00：00。CMD 为执行进程的命令名。ps 常用的选项有-ef 和 aux 等。

1. -ef 选项

利用-ef 选项可以显示系统中所有进程的全面信息，如图 4-7 所示。

```
                              root@localhost:~
文件(F)  编辑(E)  查看(V)  终端(T)  帮助(H)
[ root@localhost ~]# ps -ef
UID         PID  PPID  C STIME TTY          TIME CMD
root          1     0  0 16:40 ?        00:00:03 /sbin/init
root          2     0  0 16:40 ?        00:00:00 [ kthreadd]
root          3     2  0 16:40 ?        00:00:00 [ migratio]
root          4     2  0 16:40 ?        00:00:00 [ ksoftirq]
root          5     2  0 16:40 ?        00:00:00 [ watchdog]
root          6     2  0 16:40 ?        00:00:00 [ cpuset]
root          7     2  0 16:40 ?        00:00:00 [ events/0]
root          8     2  0 16:40 ?        00:00:00 [ work_on_]
root          9     2  0 16:40 ?        00:00:00 [ khelper]
root         10     2  0 16:40 ?        00:00:00 [ netns]
root         11     2  0 16:40 ?        00:00:00 [ kintegri]
root         12     2  0 16:40 ?        00:00:00 [ kblockd/]
root         13     2  0 16:40 ?        00:00:00 [ kacpid]
root         14     2  0 16:40 ?        00:00:00 [ kacpi_no]
root         15     2  0 16:40 ?        00:00:00 [ cqueue]
root         16     2  0 16:40 ?        00:00:01 [ ata/0]
root         17     2  0 16:40 ?        00:00:00 [ ata_aux]
root         18     2  0 16:40 ?        00:00:00 [ ksuspend]
root         19     2  0 16:40 ?        00:00:00 [ khubd]
root         20     2  0 16:40 ?        00:00:00 [ kseriod]
root         21     2  0 16:40 ?        00:00:00 [ pdflush]
```

图 4-7　所有进程的全面信息

上面各项的含义如下：

(1)UID：进程属主的用户 ID 号。

(2)PID：进程 ID 号。

(3)PPID：父进程的 ID 号。

(4)C：进程最近使用 CPU 的估算。

(5)STIME：进程开始时间，以"小时：分：秒"的形式给出。

(6)TTY：该进程建立时所对应的终端，"?"表示该进程不占用终端。

(7)TIME：报告进程累计使用的 CPU 时间。注意，尽管觉得有命令（如 sh）已经运转了很长时间,但是它们真正使用 CPU 的时间却很短,所以,该字段的值往往是 00:00:00。

(8)CMD:是 command(命令)的缩写,往往表示进程所对应的命令名。

2. aux 选项

利用 aux 选项可以显示所有终端上所有用户有关进程的所有信息,如图 4-8 所示。

```
[ root@localhost ~]# ps aux
USER       PID %CPU %MEM    VSZ   RSS TTY      STAT START   TIME COMMAND
root         1  0.1  0.0   2012   772 ?        Ss   16:40   0:03 /sbin/init
root         2  0.0  0.0      0     0 ?        S<   16:40   0:00 [ kthreadd]
root         3  0.0  0.0      0     0 ?        S<   16:40   0:00 [ migration/0]
root         4  0.0  0.0      0     0 ?        S<   16:40   0:00 [ ksoftirqd/0]
root         5  0.0  0.0      0     0 ?        S<   16:40   0:00 [ watchdog/0]
root         6  0.0  0.0      0     0 ?        S<   16:40   0:00 [ cpuset]
root         7  0.0  0.0      0     0 ?        S<   16:40   0:00 [ events/0]
root         8  0.0  0.0      0     0 ?        S<   16:40   0:00 [ work_on_cpu/0]
root         9  0.0  0.0      0     0 ?        S<   16:40   0:00 [ khelper]
root        10  0.0  0.0      0     0 ?        S<   16:40   0:00 [ netns]
root        11  0.0  0.0      0     0 ?        S<   16:40   0:00 [ kintegrityd/0]
root        12  0.0  0.0      0     0 ?        S<   16:40   0:00 [ kblockd/0]
root        13  0.0  0.0      0     0 ?        S<   16:40   0:00 [ kacpid]
root        14  0.0  0.0      0     0 ?        S<   16:40   0:00 [ kacpi_notify]
root        15  0.0  0.0      0     0 ?        S<   16:40   0:00 [ cqueue]
root        16  0.0  0.0      0     0 ?        S<   16:40   0:02 [ ata/0]
root        17  0.0  0.0      0     0 ?        S<   16:40   0:00 [ ata_aux]
root        18  0.0  0.0      0     0 ?        S<   16:40   0:00 [ ksuspend_usbd]
root        19  0.0  0.0      0     0 ?        S<   16:40   0:00 [ khubd]
root        20  0.0  0.0      0     0 ?        S<   16:40   0:00 [ kseriod]
root        21  0.0  0.0      0     0 ?        S    16:40   0:00 [ pdflush]
root        22  0.0  0.0      0     0 ?        S    16:40   0:00 [ pdflush]
```

图 4-8　所有用户进程的所有信息

新出现的项目值含义如下:

(1)USER:启动进程的用户。

(2)%CPU:运行该进程占用 CPU 的时间与该进程总的运行时间的比例。

(3)%MEM:该进程占用总内存的比例。

(4)VSZ:虚拟内存的大小,以 KB 为单位。

(5)RSS:占用实际内存的大小,以 KB 为单位。

(6)STAT:表示进程的运行状态,包括以下几种状态:

①D:不可中断的睡眠;

②R:就绪(在可运行队列中);

③S:睡眠;

④T:被跟踪或停止;

⑤Z:终止(僵死)的进程;

⑥START:进程开始运行的时间。

通过以上信息就能方便地对进程进行进一步操作。

4.8.2　查看进程状态——top 命令

top 命令和 ps 命令的基本作用是相同的,显示系统当前的进程及其状态,但是 top 是一个动态显示过程,可以通过用户按键来不断刷新当前状态。如果在前台执行,该命令将独占前台,直到用户终止该程序为止。top 命令的一般格式如下:

top [bciqsS] [d <timespan>] [n <times>]

其中,timespan 为刷新周期,单位为秒;times 为刷新次数。其命令选项的含义如下:

(1)b:使用批处理模式。

(2)c:列出程序时,显示每个程序的完整指令,包括指令名称、路径和参数等相关信息。

(3)i:执行 top 指令时,忽略闲置或是已成为 Zombie 的程序。

(4)q:持续监控程序执行的状况。

(5)s:使用保密模式,消除互动模式下的潜在危机。

(6)S:使用累计模式。

(7)d<间隔秒数>:设置 top 监控程序执行状况的间隔时间,单位以秒计算。

(8)n<执行次数>:设置监控信息的更新次数。

如图 4-9 所示为使用该命令的例子,。

```
[ root@localhost ~]# top

top - 17:34:37 up 53 min,  3 users,  load average: 0.13, 0.08, 0.04
Tasks: 143 total,    2 running, 141 sleeping,    0 stopped,    0 zombie
Cpu(s):  2.4%us,  0.7%sy,  0.0%ni, 97.0%id,  0.0%wa,  0.0%hi,  0.0%si,  0.0%st
Mem:   1027852k total,   371028k used,   656824k free,    27932k buffers
Swap:  2064376k total,        0k used,  2064376k free,   170692k cached

  PID USER      PR  NI  VIRT  RES  SHR S %CPU %MEM    TIME+  COMMAND
 1615 root      20   0 43824  14m 6972 S  2.0  1.5  1:41.46 Xorg
   31 root      15  -5     0    0    0 S  0.3  0.0  0:01.25 scsi_eh_1
 2355 ybh       20   0 72804  16m  10m R  0.3  1.6  0:08.13 gnome-terminal
 2553 root      20   0  2548 1072  828 R  0.3  0.1  0:00.07 top
    1 root      20   0  2012  772  560 S  0.0  0.1  0:03.44 init
    2 root      15  -5     0    0    0 S  0.0  0.0  0:00.04 kthreadd
    3 root      RT  -5     0    0    0 S  0.0  0.0  0:00.00 migration/0
    4 root      15  -5     0    0    0 S  0.0  0.0  0:00.00 ksoftirqd/0
    5 root      RT  -5     0    0    0 S  0.0  0.0  0:00.00 watchdog/0
    6 root      15  -5     0    0    0 S  0.0  0.0  0:00.00 cpuset
    7 root      15  -5     0    0    0 S  0.0  0.0  0:00.09 events/0
    8 root      15  -5     0    0    0 S  0.0  0.0  0:00.00 work_on_cpu/0
    9 root      15  -5     0    0    0 S  0.0  0.0  0:00.00 khelper
   10 root      15  -5     0    0    0 S  0.0  0.0  0:00.00 netns
   11 root      15  -5     0    0    0 S  0.0  0.0  0:00.00 kintegrityd/0
```

图 4-9　当前进程及其状态

4.8.3　终止进程

通常终止一个前台进程可以使用 Ctrl+C 组合键。但是,对于一个后台进程就须用 kill 命令来终止。kill 命令是通过向进程发送指定的信号来结束相应进程。在默认情况下,采用编号为 15 的 TERM 信号。TERM 信号将终止所有不能捕获该信号的进程。对于那些可以捕获该信号的进程就要用编号为 9 的 kill 信号,强行杀掉该进程。kill 命令的一般格式如下所示:

kill [-s 信号|-p] 进程号或者 kill-l [信号]

其中,各选项的含义如下:

(1)-s:指定要发送的信号,既可以是信号名(如 kill),也可以是对应信号的号码。

(2)-p:指定 kill 命令只是显示进程的 pid(进程标识号),并不真正发出结束信号。

(3)-l:显示信号名称列表,这也可以在/usr/include/linux/signal.h 文件中找到。

使用 kill 命令时应注意如下几点:

(1)kill 命令可以带信号号码选项,也可以不带。如果没有信号号码,kill 命令就会发出终止信号(TERM)。这个信号可以杀掉没有捕获到该信号的进程,也可以用 kill 向进程发送特定的信号。例如:kill -2 1234。其效果等同于在前台运行 PID 为 1234 的进程的时候,按下 Ctrl+C 组合键。但是普通用户只能使用不带 signal 参数的 kill 命令,或者最多使用 9 信号。

(2)kill 可以带有进程 ID 号作为参数。当用 kill 向这些进程发送信号时,必须是这些进程的属主。如果试图终止一个没有权限终止的进程,或者终止一个不存在的进程,就会得到一个错误信息。

(3)可以向多个进程发信号,或者终止它们。

(4)当 kill 成功地发送信号,Shell 会在屏幕上显示出进程的终止信息。有时这个信息不会马上显示,只有当按下 Enter 键使 Shell 的命令提示符再次出现时才会显示出来。

(5)使用信号强行终止进程常会带来一些副作用,比如数据丢失或终端无法恢复到正常状态。发送信号时必须小心,只有在万不得已时才用 kill 信号(9),因为进程不能首先捕获它。

(6)要撤销所有的后台作业,可以输入"kill 0",因为有些在后台运行的命令会启动多个进程,跟踪并找到所有要杀掉的进程的 PID 是一件很麻烦的事。这时,使用"kill 0"来终止所有由当前 Shell 启动的进程是个有效的方法。

使用 kill 命令可以终止一个已经阻塞的进程,或者一个陷入死循环的进程,示例如下:

[root@localhost ~]# find / -name core -print > /dev/null 2>&1

如果要终止该进程,可以先运行 ps 命令来查看该进程对应的 PID。假设该进程对应的 PID 是 1651,则可用 kill 命令杀死这个进程。

[root@localhost ~]# kill 1651

再用 ps 命令查看进程状态时,就会发现 fmd 进程已经不存在。

除了 kill 外,常用的终止进程的命令还有 killall 0。顾名思义,killall 就是杀死所有进程。kill all 的参数为程序名,例如要终止所有名为 httpd 的进程,则可以使用如下命令:

[root@localhost ~]# kill all httpd

4.8.4 前、后台运行和暂停进程

Linux 下程序分为前台运行和后台运行两种,并能暂时停止前台正在进行的进程。这两种运行方式是可以转换的。需要用到的命令有 fg、bg、jobs 等,下面举例介绍。假设现在前台查找文件,耗时很长。

[root@localhost ~]# find / -name core -print > -/search_result

因为长时间得不到结果,可以先用 Ctrl+Z 组合键将其暂停,暂停后会返回类似结果。

[1]+ Stopped find / -name core -print > ~/search_result

其中行首方括号中的数字为任务编号(jobid)。

然后用 bg 命令加上任务编号将其置于后台执行。方法如下所示:

［root@localhost ～］♯ bg 1

//bg 的参数 1 为上面命令的 job id

其输出内容如下，显示该命令已在后台执行。

［1］+ find/-name core -print >-/search_result&

又比如正在用 vi 编辑某文档，又需要打断进行一项其他操作。这时除了保存 vi 中编辑的内容然后退出外，还可以先暂停 vi，待其他操作完成，将其重新置于前台运行。

方法还是先用 Ctrl+Z 组合键将其暂停，待其他操作完成，如果不记得其任务编号，还可以用 jobs 查看其任务编号，然后再用 fg 命令加上任务编号将其重新置于前台。

［root@localhost ～］♯ vi

［1］+ Stopped vi //Ctrl+Z 暂停

//执行其他命令

［root@localhost ～］♯ echo "This is a test for bg and fg"

This is a test for bg and fg

//使用 jobs 查看任务编号

［root@localhost ～］♯ jobs

［1］+ Stopped vi

//将其置于前台重新开始编辑

［root@localhost ～］♯ fq l

总的来说，fg、bg 和 jobs 在前后台之间切换的方法比较简单，但通常能给我们带来很大方便。

4.8.5　图形化工具管理进程

选择"应用程序"→"系统工具"→"系统监视器"，如图 4-10 所示。

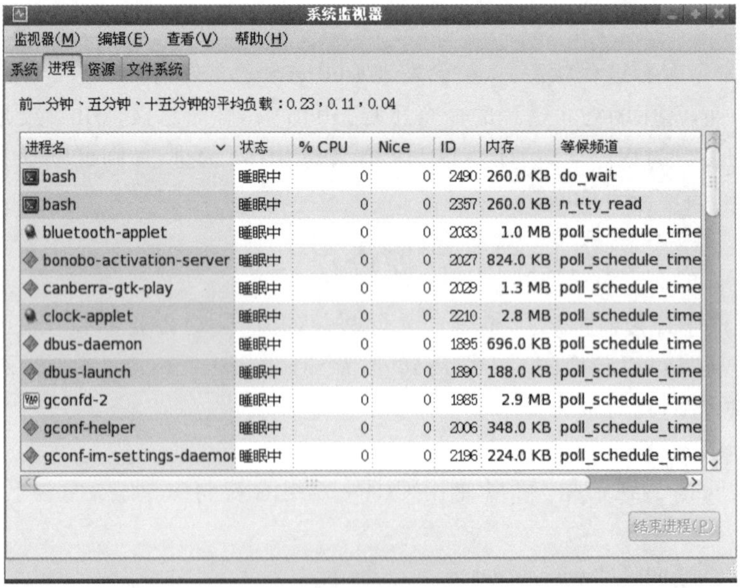

图 4-10　进程的信息

选择某一个进程,然后打开"编辑"菜单,可以更改进程的优先级、停止进程、结束进程、杀死进程等操作,如图 4-11 所示。

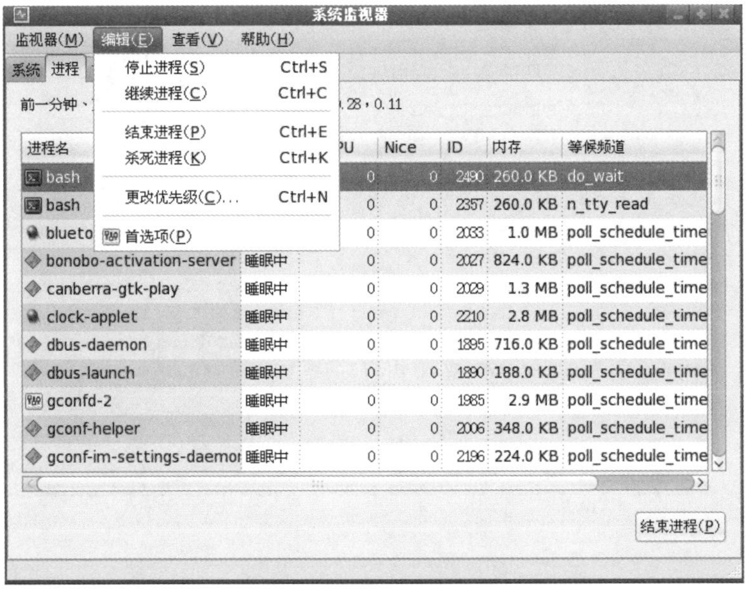

图 4-11 对某一进程进行操作

在"系统监视器首选项"中,可以显示进程的其他信息,如图 4-12 所示。

图 4-12 系统监视器首选项

在"查看"菜单中,可以查看当前活动的进程、全部进程以及我的进程等信息,如图 4-13 所示。

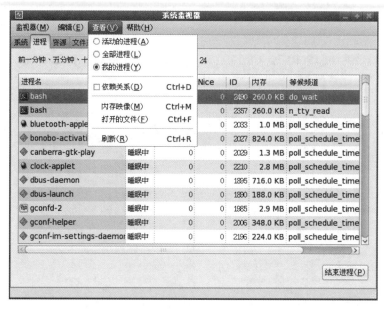

图 4-13　查看进程信息

4.9　进程文件系统/proc

　　/proc 文件系统是一种内核和内核模块用来向进程（process）发送信息的机制（所以叫作/proc）。这个伪文件系统让你可以和内核内部数据结构进行交互，获取有关进程的有用信息，在运行中改变设置（通过改变内核参数）。与其他文件系统不同，/proc 存在于内存之中而不是硬盘上。

　　/proc 的文件可以用于访问有关内核的状态、计算机的属性、正在运行的进程的状态等信息。大部分/proc 中的文件和目录提供系统物理环境最新的信息。尽管/proc 中的文件是虚拟的，但它们仍可以使用任何文件编辑器或像 more、less 或 cat 这样的程序来查看。表 4-3 列出了该文件系统中一些重要的文件和目录。

表 4-3　　　　　　　　　　　重要的/proc 文件系统文件和目录

文件或目录	说　明
/proc/1	关于进程 1 的信息目录。每个进程在/proc 下有一个名为其进程号的目录
/proc/cpuinfo	处理器信息，如类型、制造商、型号和性能
/proc/devices	当前运行的核心配置的设备驱动的列表
/proc/dma	显示当前使用的 DMA 通道
/proc/filesystems	核心配置的文件系统
/proc/interrupts	显示使用的中断
/proc/kcore	系统物理内存映像
/proc/kmsg	核心输出的信息，也被送到 syslog

（续表）

文件或目录	说　明
/proc/ksyms	核心符号表
/proc/loadavg	系统的平均负载
/proc/meminfo	存储器使用信息，包括物理内存和 swap
/proc/modules	当前加载了哪些核心模块
/proc/net	网络协议状态信息
/proc/stat	系统的不同状态
/proc/version	核心版本
/proc/uptime	系统启动的时间长度

进程的基本信息都会存放在/proc 文件系统中，具体位置是在/proc 目录下。通过使用如下命令可以查看系统中运行进程的相关信息，下面将通过一个例子来说明，如何使用/proc 文件系统来获得进程的信息。

（1）查看/proc 目录下的内容。

［root@localhost ~］# ls /proc

/proc 文件系统可以用于获取运行中的进程的信息。在/proc 中有一些编号的子目录。每个编号的目录对应一个进程 id(PID)。这样，每一个运行中的进程/proc 中都有一个用它的 PID 命名的目录，如图 4-14 所示。

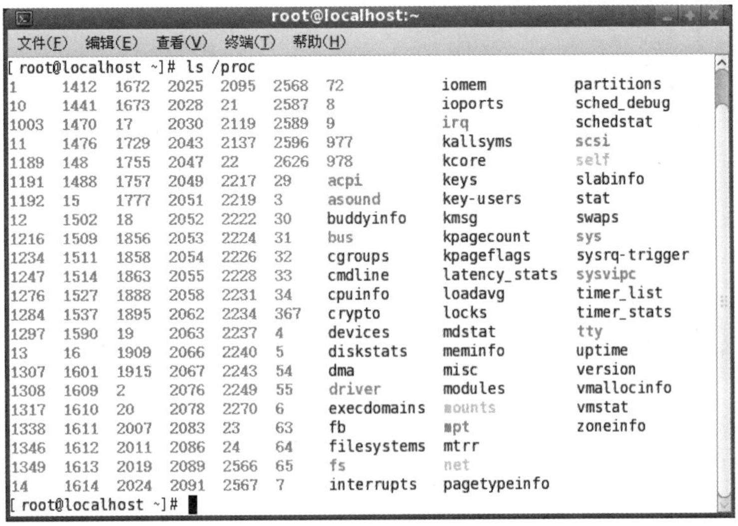

图 4-14　/proc 文件目录内容

（2）以 1 为例，查看其进程的详细信息。

这些子目录中包含可以提供有关进程的状态和环境的重要细节信息的文件，如图 4-15 所示。

在所有这些文件当中，status 这个状态文件是比较重要的，包含了很多关于进程的有用的信息，用户可以从这个文件获得信息，如图 4-16 所示。

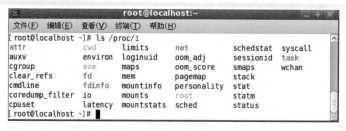

图 4-15　进程 1 的相关文件

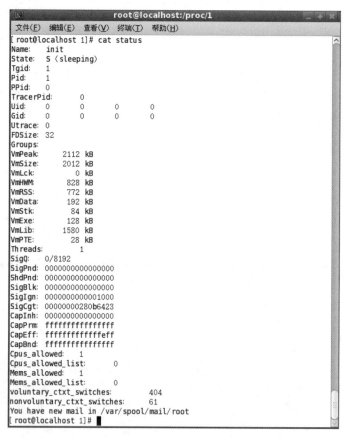

图 4-16　进程 1 中 status 文件内容

Name：init //进程名

State：S(sleeping) //进程运行状态

Tgid：1 //进程组 ID

Pid：1 //进程组 ID

PPid：0 //父进程 ID

TracerPid：0 //跟踪调试进程 ID

Uid：0 0 0 0 //进程所对应程序的 UID

Gid：0 0 0 0 //进程所对应程序的 GID

Utrace：0

FDSize：32 //进程使用文件句柄的大小

Groups：//组信息

//以下为进程所使用的虚拟内存以及实际内存、信号机制方面的信息

VmPeak：2112 kB

VmSize：2012 kB

VmLck：0 kB

VmHWM：828 kB

VmRSS：772 kB

VmData：192 kB

VmStk：84 kB

VmExe：128 kB

VmLib：1580 kB

VmPTE：28 kB

Threads：1

SigQ：0/8192

SigPnd：0000000000000000

ShdPnd：0000000000000000

SigBlk：0000000000000000

SigIgn：0000000000001000

SigCgt：00000000280b6423

CapInh：0000000000000000

CapPrm：ffffffffffffffff

CapEff：fffffffffffffeff

CapBnd：ffffffffffffffff

Cpus_allowed：1

Cpus_allowed_list：0

Mems_allowed：1

Mems_allowed_list：0

voluntary_ctxt_switches：404

nonvoluntary_ctxt_switches：61

小 结

本章主要介绍 Linux 中进程管理的相关知识，包括进程概述、进程调度、进程通信、守护进程、/proc 进程文件系统。

实 验 二　　进程管理

一、实验目的

1.掌握如何配置守护进程。

2.掌握使用 at 和 cron 执行计划任务的方法。

3.掌握进程管理的方法。

二、实验内容

1.使用 chkconfig 命令配置 httpd 守护进程。

2.使用 at 命令定时执行某个命令。定时备份用户目录中的所有文件到指定的目录中。

3.使用 cron 和 crontab 周期性执行任务。

4.使用图形化工具配置守护进程。

5.使用图形化工具管理进程。

///////////////////// 练 习 /////////////////////

1.在本地主机上撤销一个 RPC 程序(停止服务),如 mountd,版本为"1"用命令
(　　)。

A. ♯ /usr/sbin/rpcinfo -b mountd 1

B. ♯ /usr/sbin/rpcinfo -d mountd 1

C. ♯ /usr/sbin/rpcinfo -u mountd

D. ♯ kill -HUP pid-of-inetd

2.通过修改文件(　　),可以设定开机时候自动安装的文件系统。

A. /etc/mtab　　　　　　　　　　　B. /etc/fastboot

C. /etc/fstab　　　　　　　　　　　D. /etc/inetd. conf

3.init 的运行等级一般说来有(　　)个等级。

A. 4　　　　　　　B. 5　　　　　　　C. 6　　　　　　　D. 3

4.为了监视系统整体工作的情况,我们可以使用命令(　　)。

A. top　　　　　B. vmstat　　　　　C. sar　　　　　D. iostat

5.终止一个前台进程可能用到的命令和操作是(　　)。

A. kill　　　　　B. Ctrl+C　　　　　C. shut down　　　　　D. halt

6.下列选项中,不是 Linux 系统进程类型的是(　　)。

A. 交互进程　　　　B. 批处理进程　　　　C. 守护进程　　　　D. 就绪进程

7.进程有三种状态(　　)。

A. 准备态、执行态和退出态　　　　　　B. 精确态、模糊态和随机态

C. 运行态、就绪态和等待态　　　　　　D. 手工态、自动态和自由态

8. 使用 PS 获取当前运行进程的信息时,输出内容 PPID 的含义为(　　　)。

A. 进程的用户 ID　　B. 进程调度的级别　　C. 进程 ID　　　　　　D. 父进程 ID

9. 在 Linux 下结束一个进程的命令是(　　　)。

A. ps　　　　　　　　B. top　　　　　　　　C. nice　　　　　　　　D. kill

10. top 命令的作用是(　　　)。

A. 返回至顶层目录　　　　　　　　　　B. 显示系统运行时间

C. 显示系统当前运行状况　　　　　　　D. 关机

11. ps 命令的作用是(　　　)。

A. 显示进程处理状态　　　　　　　　　B. 运行图形处理软件

C. 让系统停机　　　　　　　　　　　　D. 显示当前网络状态

12. 显示指定用户所启动的进程的命令是(　　　)。

A. ps -x　　　　　　　B. ps -u　　　　　　　C. ps -g　　　　　　　D. 以上都不是

13. 显示系统中正在运行的所有进程的命令是(　　　)。

A. ps -x　　　　　　　B. ps -u　　　　　　　C. ps -g　　　　　　　D. 以上都不是

14. 以下命令中,(　　　)是用来停止系统中的进程的。

A. stop　　　　　　　B. down　　　　　　　C. kill　　　　　　　　D. 以上都不是

15. 以下命令中,使用进程名称来停止进程的是(　　　)。

A. stop　　　　　　　B. down　　　　　　　C. killall　　　　　　　D. kill

16. 以下命令中,(　　　)可以为即将启动的进程指定优先级。

A. renice　　　　　　B. nice　　　　　　　C. top　　　　　　　　D. 以上都不是

17. 以下命令中,(　　　)可以为已运行的进程重新指定优先级。

A. renice　　　　　　B. nice　　　　　　　C. top　　　　　　　　D. 以上都不是

18. (　　　)工具可以用来设置计划任务。

A. at and crond　　　　　　　　　　　B. atrun and crontab

C. at and crontab　　　　　　　　　　D. atd and crond

19. 为了每天在晚上 11:45 运行 myscript,需要设置 cron 为(　　　)。

A. 23 45 ＊ ＊ myscript　　　　　　　B. 23 45 ＊ ＊ ＊ myscript

C. 45 23 ＊ ＊ ＊ myscript　　　　　　D. ＊ ＊ 23 45 myscript

20. kill 与 killall 的区别在于(　　　)。

A. killall 命令发送一个信号而 kill 不是

B. 没有区别

C. killall 使用进程的名字而不是进程号

D. kill 命令发送一个信号而 killall 不是

21. top 命令作用是(　　　)。

A. 显示系统中使用磁盘空间最多的用户

B. 持续地显示系统耗用资源最多的进程状态

C. 显示系统当前用户

D. 显示系统的目录结构

22. 在超级用户下显示 Linux 系统中正在运行的全部进程,应使用的命令及参数是_____。

23. 将前一个命令的标准输出作为后一个命令的标准输入,称之为_____。

24. 启动进程有手动启动和调度启动两种方法,其中调度启动常用的命令为_____、_____和_____。

25. Linux 中进程包含哪几个要素?

26. Linux 中进程包括哪几种状态,它们如何切换?

27. Linux 中有哪些进程的调度策略,它们分别适用于何种情况?

28. 在 Linux 中管道通信是如何进行的?

29. 什么是守护进程?

30. 简述 top 命令和 ps 命令的区别。

31. 什么是 proc 文件系统,如何查看处理器相关信息?

第 5 章
Linux 存储器管理

Linux 操作系统采用虚拟内存管理机制管理存储资源为多进程提供有效共享。Linux 操作系统使用交换和请求分页存储管理技术实现虚拟内存管理。所谓虚拟存储器，是指当进程运行时，不必把整个进程的映像都放在内存中，而只需在内存保留当前用到的那部分页面。当进程访问到某些尚未在内存的页面时，就由核心把这些页面装入内存。这种策略使进程的虚拟地址空间映射到机器的物理空间时具有更大的灵活性，通常允许进程的大小可大于可用内存的总量，允许更多进程同时在内存中执行。

5.1 Linux 的虚拟内存管理

Linux 的虚拟内存管理功能可以概括为以下几点：

（1）地址空间扩充。对运行在系统中的进程而言，运行程序的长度可以远远超过系统的物理内存容量，运行在 i386 平台上的 Linux 进程，其地址空间可达 4 GB（32 位地址）。

（2）进程保护。每个进程拥有自己的虚拟地址空间，这些虚拟地址对应的物理地址完全和其他进程的物理地址隔离，从而避免了进程之间的互相影响。

（3）内存映射。利用内存映射，可以将程序或数据文件映射到进程的虚拟地址空间中，对程序代码和数据的逻辑地址的访问与访问物理内存单元一样。

（4）物理内存分配。虚拟内存可以方便地隔离各个进程的地址空间，这时，如果将不同进程的虚拟地址映射到同一物理地址，则可实现内存共享。这就是共享虚拟内存的本质，利用共享虚拟内存可以节省物理内存的使用（如两个可以实现所谓"共享内存"的进程间通信机制，即两个进程通过同一物理内存区域进行数据交换）。

Linux 中的虚拟内存采用"分页"机制。分页机制将虚拟地址空间和物理地址空间划分为大小相同的块，这样的块在逻辑地址空间称为"页"，在物理地址空间称为"块"。通过虚拟内存地址空间的页与物理地址空间的块之间的映射，分页机制实现了虚拟内存地址到物理内存地址之间的映射。

在 x86 平台的 Linux 系统中,地址码采用 32 位,因而每个进程的虚拟存储空间可达 4 GB。Linux 内核将这 4 GB 的空间分为两部分:最高地址的 1 GB 是"系统空间",供内核本身使用,系统空间由所有进程共享;而较低地址的 3 GB 是各个进程的"用户空间"。

5.2 Linux 系统采用三级页表

所有进程从 3~4 GB 的虚拟内存地址都是一样的,有相同的页目录项和页表,对应到同样的物理内存段,Linux 以此方式让内核态进程共享代码段和数据段。Linux 采用请求页式技术管理虚拟内存。由于 Linux 系统中页面的大小为 4 KB,因此进程虚拟存储空间要划分为 2^{20}(1 MB)个页面,如果直接用页表描述这种映射关系,那么每个进程的页表就要有 2^{20}(1 MB)个表项。很显然,用大量的内存资源来存放页表是不可取的。为此,Linux 页表分为 3 级结构:页目录(Page Directory,PGD)、中间页目录(Page Middle Directory,PMD)和页表(Page Table,PT)。在 Pentium 计算机上它被简化成两层,PGD 和 PMD 合二为一。页目录 PGD 和页表 PT 都含有 1 024 个项,如图 5-1 所示。

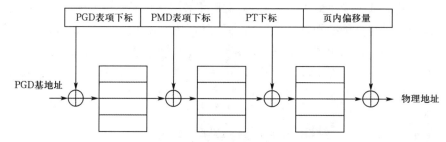

图 5-1　Linux 三级页表地址转换示意图

一个线性虚拟地址在逻辑上划分成 4 个位段,从高位到低位分别用作检索页面目录(PGD)的下标、中间目录(PMD)的下标、页表(PT)的下标和物理页面(内存块)内的位移。把一个线性地址映射成物理地址分为以下 4 步:

(1)以线性地址中最高位段作为下标,在 PGD 中找到相应的表项,该表项指向相应的 PMD。

(2)以线性地址中第 2 个位段为下标,在 PMD 中找到相应的表项,该表项指向相应的 PTE。

(3)以线性地址中第 3 个位段为下标,在 PT 中找到相应的表项,该表项指向相应的物理页面(该物理页面的起始地址)。

(4)线性地址中的最低位段是物理页面内的相对位移量,此位移量与该物理页面的起始地址相加就得到相应的物理地址。

地址映射是与具体的 CPU 和 MMU(内存管理单元)相关的。对于 i386 来说,CPU 支持两级模型,实际上跳过了中间的 PMD 这一级。从 Pentium Pro 开始,允许将地址从 32 位提高到 36 位,并且在硬件上支持三级映射模型。

每一个进程都有一个页目录,其大小为一个页面,页目录中的每一项指向中间页目录的一页,每个活动进程页目录必须在内存中。中间页目录可能跨多个页,它的每一项指向页表中的一页。页表也可能跨多个页,每个页表项指向该进程的一个虚页。

当使用 fork() 创建一个进程时,分配内存页面的情况如下:进程控制块 1 页,内核态堆栈 1 页,页目录 1 页,页表若干页。而使用 exec() 系统调用时,分配内存页面的情况如下:可执行文件的文件头 1 页,用户堆栈的 1 页或几页。

这样,当进程开始运行时,如果执行代码不在内存中,将产生第 1 次缺页中断,让操作系统参与分配内存,并将执行代码装入内存。此后按照需要,不断地通过缺页中断调进代码和数据。当系统内存资源不足时,由操作系统决定是否调出一些页面。

5.3　内存页的分配与释放

当一个进程开始运行时,系统要为其分配一些内存页;当进程结束运行时,要释放其所占用的内存页。一般地,Linux 系统采用位图和链表两种方法来管理内存页。

位图可以记录内存单元的使用情况。它用一个二进制位(bit)记录一个内存页的使用情况:如果该内存页是空闲的,则对应位是 1;如果该内存页已经分配出去,则对应位是 0。例如,有 1024 KB 的内存,内存页的大小是 4 KB,则可以用 32 B 构成的位图来记录这些内存的使用情况。分配内存时检测该位图中的各个位,找到所需个数的、连续位值为 1 的位段,获得所需的内存空间。

链表可以记录已分配的内存单元和空闲的内存单元。采用双向链表结构将内存单元链接起来,可以加速空闲内存的查找或链表的处理。

Linux 系统的物理内存页分配采用链表和位图相结合的方法。

5.4　内存交换

当系统出现内存不足时,Linux 内存管理子系统就要释放一些内存页,从而增加系统中空闲内存页的数量。此任务是由内核的交换守护进程 kswapd 完成的。该内核守护进程实际是一个内核线程,它的任务是保证系统中具有足够的空闲页,从而使内存管理子系统能够有效运行。

在系统启动时,这一守护进程由内核的 init 进程启动,按核心交换时钟开始或终止工作。每到一个时钟周期结束,kswapd 便查看系统中的空页内存块数,通过变量 free_pages_high 和 free_pages_low 来决定是否需要释放一些页面。当空闲内存块数大于 free_pages_high 时,kswapd 便进入睡眠状态,直到时钟终止。free_pages_high 和 free_pages_low 在系统初始化时设置。若系统中的空闲内存页面数低于 free_pages_high 甚至 free_pages_low 时,kswapd 使用下列 3 种方法减少系统中正在使用的物理页面。

(1)减少缓冲区和页面 cache 的大小。

(2)换出 systemv 的共享内存页。

(3)换出或丢弃内存页面。

kswapd 轮流查看系统中哪一个进程的页面适合换出或淘汰,因为代码段不能被修改,这些页面不必写回缓冲区,淘汰即可,需要时再将原副本重新装入内存。当确定某进程的某页被换出或淘汰时,还要检查它是否是共享页面或被锁定,如果是这样,就不能淘汰或换出。

Linux 淘汰页面的依据是页面的年龄,它保存在描述页面的数据结构 mem_map_t 中。如页面年龄的初值为 3,每访问一次年龄增加 3。页面年龄最大值为 20。而当内核的交换进程运行时,页的年龄减 1。如果某个页面的年龄为 0,则该页可作为交换候选页。当某页被修改过后重新放在交换区中,某进程再次需要该页时,由于它已不在内存中(通过页表),该进程便发出缺页请求,这时,Linux 的缺页中断处理程序开始执行,它首先通过该进程的 vm_area_struct 定位,先找到发生缺页中断的虚地址,再把相应的物理页面换入内存,并重新填写页表项。

Linux 中内存共享是以页共享的方式实现的,共享该页的各个进程的页表项直接指向共享页,这种共享不需建立共享页表,节省内存空间,但效率较低。当共享页状态发生变化时,共享该页的各进程页表均需修改,要多次访问页表。

Linux 可以对虚存段中的任一部分加锁或保护。对进程的虚拟地址加锁,实质就是对 vma 段的 vm_flags 属性与 vm_locked 进行或操作。虚存加锁后,它对应的物理页框驻留内存,不再被页面置换程序换出。加锁操作共有 4 种:对指定的一段虚拟空间加锁或解锁(mlock 和 munlock),对进程所有的虚拟空间加锁或解锁(mlockall 和 munlockall)。

对进程的虚拟地址空间实施保护操作,就是重新设置 vma 段的访问权限,实质就是对 vma 段的 vm_flags 属性重置 PROT_READ、PROT_WRITE 和 PROT_EXEC 参数,并重新设定 vm_page_prot 属性。与此同时,对虚拟地址范围内所有页表项的访问权限也做调整,保护操作由系统调用 mprotect()实施。

磁盘中的可执行文件映像一旦被映射到一个进程的虚拟空间,它就开始执行。由于一开始只有该映像区的开始部分被调入内存,因此,进程迟早会执行那些未被装入内存的部分。当一个进程访问了一个还没有有效页表项的虚拟地址时,处理器将产生缺页中断,通知操作系统,并把缺页的虚拟地址(保存在 CR2 寄存器中)和缺页时访问虚存的模式一并传给 Linux 的缺页中断处理程序。系统初始化时首先设定缺页中断处理程序为 do_page_fault(),它根据控制寄存器 CR2 传递的缺页地址,进入 error_code 处理程序进行分类,通过 find_vma 找到发生页面失误的虚拟存储区地址所在的 vm_area_struct 结构指针。如果没有找到,说明进程访问了一个非法存储区,系统将发出一个信号告知进程出错。然后系统检测缺页时访问模式是否合法,如果进程对该页的访问超越权限,系统也将发出一个信号,通知进程的存储访问出错。通过以上两步检查,可以确定缺页中断是否合法,进而进程进一步通过页表项中的位 P 来区分缺页对应的页面是在交换空间(P=0 且页表项非空)还是在磁盘中某一执行文件映像的一部分。最后,进行页面调入操作。

inux 使用最少使用频率替换策略,页替换算法在 clock 算法基础上做了改进,使用位被一个 8 位的 age 变量所取代。每当一页被访问时,age 增加 1。在后台由存储管理程序周期性地扫描全局页面池,并且当它在主存中所有页间循环时,对每个页的 age 变量减 1。age 为 0 的页是一个"老"页,已有些时段没有被使用,因而可用作页替换的候选者。age 值越大,该页最近被使用的频率越高,也就越不适宜于替换。

5.7 监控内存软件

内存是 Linux 内核所管理的最重要的资源之一。内存管理系统是操作系统中最为重要的部分,因为系统的物理内存总是少于系统所需要的内存数量。虚拟内存就是为了克服这个矛盾而采用的策略。系统的虚拟内存通过在各个进程之间共享内存而使系统看起来有多于实际内存的内存容量。Linux 支持虚拟内存,就是使用磁盘作为 RAM 的扩展,使可用内存相应地有效扩大。核心把当前不用的内存块存到硬盘,腾出内存给其他目的。当原来的内容又要使用时,再读回内存。监控内存软件分别有:free、vmstat 以及图形化工具系统监视器,下面对其进行介绍。

1. free

free 指令会显示内存的使用情况,包括实体内存,虚拟的交换文件内存,共享内存区段,以及系统核心使用的缓冲区,如图 5-2 所示。

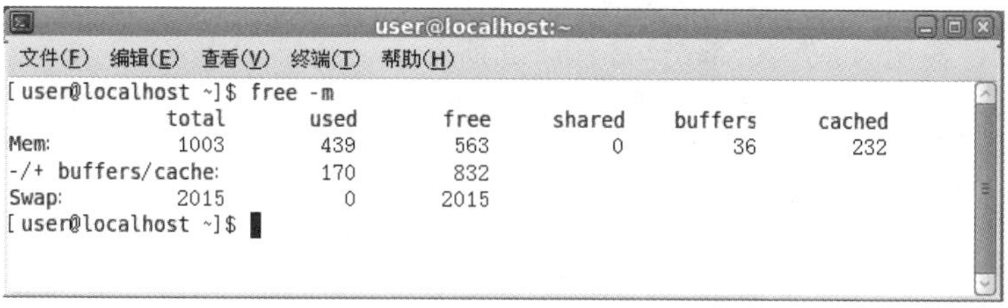

```
                                   user@localhost:~
文件(F) 编辑(E) 查看(V) 终端(T) 帮助(H)
[user@localhost ~]$ free -m
               total       used       free     shared    buffers     cached
Mem:            1003        439        563          0         36        232
-/+ buffers/cache:          170        832
Swap:           2015          0       2015
[user@localhost ~]$
```

图 5-2 free 命令

语法:free [-bkmotV] [-s]

参数:

-b:以 Byte 为单位显示内存使用情况;

-k:以 KB 为单位显示内存使用情况;

-m:以 MB 为单位显示内存使用情况;

-o:不显示缓冲区调节列;

-s:持续观察内存使用状况;

-t:显示内存总和列;

-V:显示版本信息。

总物理内存：1003 MB，已用了 439 MB，shared：多个进程共享的内存为 0，磁盘缓存的大小为 232 MB。

第二行（Mem）的 used/free 与第三行（－/＋ buffers/cache）used/free 的区别：

这两个的区别在于使用的角度，第二行是从 OS 的角度来看，因为对于 OS，buffers/cache 都是属于被使用，所以它的可用内存是 832 MB，已用内存是 170 MB，其中包括，内核（OS）使用＋Application（X，oracle，etc）使用的＋buffers＋cache。

第三行所指的是从应用程序角度来看，对于应用程序来说，buffers/cache 是等于可用的，因为 buffers/cache 是为了提高文件读取的性能，当应用程序需在用到内存的时候，buffers/cache 会很快地被回收。

所以从应用程序的角度来说，可用内存＝系统 free memory＋buffer＋cache。

例如：free -b -s5

这个命令将会在终端窗口中连续不断地报告内存的使用情况，每 5 秒钟更新一次。

2. vmstat

vmstat 是 Virtual Memory Statistics（虚拟内存统计）的缩写，可对操作系统的虚拟内存、进程、CPU 活动进行监视。它是对系统的整体情况进行统计，不足之处是无法对某个进程进行深入分析。

语法：vmstat [-V] [-n] [delay [count]]

参数：

-V：表示打印出版本信息；

-n：表示在周期性循环输出时，输出的头部信息仅显示一次；

delay：是两次输出之间的延迟时间；

count：是指按照这个时间间隔统计的次数。

vmstat 命令输出分成六个部分，如图 5-3 所示。

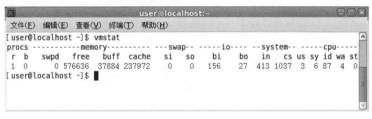

图 5-3　vmstat 命令

（1）进程 procs

r：在运行队列中等待的进程数。

b：在等待 io 的进程数。

（2）内存 memory

swpd：现时可用的交换内存，单位：KB。

free：空闲的内存，单位：KB。

buff：缓冲区中的内存数，单位：KB。

cache：被用来作为高速缓存的内存数，单位：KB。

（3）swap 交换页面

si：从磁盘交换到内存的交换页数量，单位：KB/s。

so：从内存交换到磁盘的交换页数量，单位：KB/s。

（4）io 块设备

bi：发送到块设备的块数，单位：块/秒。

bo：从块设备接收到的块数，单位：块/秒。

（5）system 系统

in：每秒的中断数，包括时钟中断。

cs：每秒的环境（上下文）切换次数。

（6）cpu 中央处理器

us：用户进程使用的时间，以百分比表示。

sy：系统进程使用的时间，以百分比表示。

id：中央处理器的空闲时间，以百分比表示。

如果 r 经常大于 4，且 id 经常小于 40，表示中央处理器的负荷很重。如果 bi、bo 长期不等于 0，表示物理内存容量太小。

3. Memprof

系统监视器中有内存和交换的情况，如图 5-4 所示。

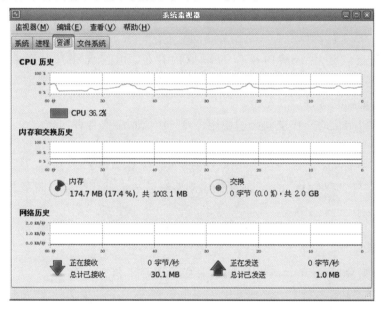

图 5-4　系统监视器

4. 虚拟内存管理

虚拟内存是指使用磁盘当作物理内存的扩展，这样可用的内存的大小就相应增大了。内核会将暂时不用的内存块的内容写到磁盘上，然后就可以把这块内存用于其他目的。这些写到磁盘上的内容或许会被淘汰，只有需要用到这些内容时，它们才会被重新读入内存。这些操作对用户来说是完全透明的；Linux 下运行的程序只是看到有大量的内存可供使用而并没有注意到这些内存是在哪里的。当然,读写硬盘要比直接使用真实内存慢得多,所以程序就不会像一直在内存中运行的那样快。用作虚拟内存的硬盘部分被称为交换空间(swap space)。

Linux 能够使用文件系统中的一个常规文件或一个独立的分区作为交换空间。交换分区要快一些,但是交换文件的大小很容易改变,而且无须重新分区整个硬盘,当知道需要多大的交换空间时,应该使用交换分区,但是如果不能确定的话,可以首先使用一个交换文件,然后使用一段时间,就能得到确实需要的交换空间的大小,然后,就能够创建一个合适大小交换分区。Linux 允许同时使用几个交换分区以及交换文件,如果只是偶尔地另外需要一个交换空间时,可以在当时设置一个额外的交换文件,而不是重新分区来改变交换分区的大小。

现在介绍如何创建交换空间。一个交换文件是一个普通的文件,它的要求是不能有空洞,并且是用 mkswap 来准备的,所以它必须在本地硬盘上。如何创建一个交换文件呢? 可以用如下命令创建一个能用的交换文件:

♯ dd if=/dev/zero of=/SwapFile bs=1024 count=2048

这样就创建一个 2048 KB 字节的交换文件,由于内存页面的大小是 4 KB 字节,所以 count 最好是 4 的倍数才能完全利用。而交换分区的创建和其他分区的创建是一样的,只是类型不一样而已。

创建完交换空间后,就需要用 mkswap 给交换空间加上一些必要的初始化信息:

♯ mkswap /SwapFile 2048

此时交换空间还没有被内核作为虚拟内存使用,它现在只是存在而已。使用 mkswap 的时候必须非常小心,因为它不检查这个文件或分区是否已被别人使用,这样就有可能覆盖到重要的文件以及分区。

一个已经初始化的交换空间必须使用命令 swapon 命令告诉内核这个交换空间可以被使用了。命令如下:

♯ swapon /SwapFile

如果把相关信息写入/etc/fstab 就能启动系统后自动使用交换空间了。

♯ swapon -a

这个命令会把所有列在 fstab 中的交换空间启动起来。

♯ swapoff

这个命令则会把 swapon -a 启动的交换空间移走。

小　结

本章介绍了 Linux 虚拟存储管理的分页机制、内存的分配与释放、内存交换、内存共享和保护等基本原理,然后介绍了内存监控软件和交换空间创建的方法。

实 验 二 　 存储器管理

一、实验目的

1.掌握如何使用 free 查看内存。

2.掌握如何使用 vmstat 查看虚拟内存。

3.掌握创建交换空间方法。

二、实验内容

1.使用 free 命令对系统中内存进行查看并解释每行含义。

2.使用 vmstat 命令查看系统中虚拟内存并解释每行含义。

3.创建一个大小为 1 MB 的交换文件。

练 习

1.手工使用交换分区的命令是(　)。

A. swapon B. mkdirswap C. swapspace＝on D. mkswap

2.以下哪条命令可以用来显示系统中的已用资源和空闲资源(　)。

A. env B. find C. free D. 以上都不是

3.使用 free 的哪个参数可以显示系统中的资源并最后进行统计(　)。

A. b B. m C. t D. k

4.使用 free 的哪个参数可以以 MB 为单位显示系统中的资源(　)。

A. b B. m C. t D. k

5.使用 vmstat 命令,我们可以得到(　)活动的信息。

A. I/O 和进程任务 B. 内存子系统 C. CPU 子系统 D. 以上都是

6.在 Linux 文件系统中,如果一个后台进程创建了一个很大的日志文件并将磁盘写满,此时我们使用 root 的身份删除该文件后,使用 df 文件发现日志文件所占用的空间并没有被释放,此时若要释放该空间,应(　)。

A. 重启该后台进程 B. 卸载并重新挂载文件系统

C. 运行 fsck 命令 D. 重新创建日志文件

7.当以计划任务的方式来执行一些计划的时候,需要启动的后台进程名称应该为(　)。

A. crond B. atd C. atrun D. crontab

第 6 章
Linux 设备管理

在 Linux 中，所有的硬件设备均当作特殊的设备文件处理，应用程序可以通过系统调用 open()，打开设备文件，建立起与目标设备的连接。然后，通过 read()、write()等常规的文件操作对目标设备进行操作。通常，代表设备文件的索引节点需要通过一些目录节点才能寻访，设备文件用 mknod 命令创建，用主设备号和次设备号标识。同一个设备驱动程序控制的所有设备具有相同的主设备号，并用不同的次设备号加以区别。网络设备也是当作设备文件来处理，不同的是这类设备由 Linux 创建，并由网络控制器初始化。当作普通文件，所以在打开设备文件的过程中即隐含着对普通文件的操作。

6.1 Linux 设备驱动程序

Linux 核心具体负责 I/O 设备的操作，这些管理和控制硬件设备控制器的程序代码称为设备驱动程序，它们是常驻内存的底层硬件处理子程序，具有控制和管理 I/O 设备的作用。虽然设备驱动程序的类型很多，但它们都有以下的共同特性：

（1）核心代码。设备驱动程序是 Linux 核心的重要组成部分，在内核运行。如果出现错误，则可能造成系统的严重破坏。

（2）核心接口。设备驱动程序提供标准的核心接口，供上层软件使用。

（3）核心机制和服务。设备驱动程序使用标准的核心系统服务，如内存分配、中断处理、进程等待队列等。

（4）可装载性。绝大多数设备驱动程序可以根据需要以核心模块的方式装入，在不需要时可以卸装。

（5）可配置性。设备驱动程序可以编译并链接进入 Linux 核心。当编译 Linux 核心时，可以指定并配置所需要的设备驱动程序。

（6）动态性。系统启动时将监测所有的设备，当一个设备驱动程序对应的设备不存在时，该驱动程序将被闲置，仅占用了一点内存而已。

Linux 的设备驱动程序可以通过查询(polling)、中断和直接内存存取等多种形式来控制设备进行输入输出。

为解决查询方式的低效率,Linux 专门引入了系统定时器,以便每隔一段时间才查询一次设备的状态,从而,解决忙于查询带来的效率下降问题。Linux 的软盘驱动程序就是以这样一种方式工作的。即便如此,查询方式依然存在着效率问题。

一种高效率的 I/O 控制方式是中断。在中断方式下,Linux 核心能够把中断传递到发出 I/O 命令的设备驱动程序。为了做到这一点,设备驱动程序必须在初始化时向 Linux 核心注册所使用的中断编号和中断处理子程序入口地址,/proc/interrupts 文件列出了设备驱动程序所使用的中断编号。

对于诸如硬盘设备、SCSI 设备等高速 I/O 设备,Linux 采用 DMA 方式进行 I/O 控制,这类稀有资源一共只有 7 个。DMA 控制器不能使用虚拟内存,且由于其地址寄存器只有 16 位(加上页面寄存器 8 位),所以只能访问系统最低端的 16 MB 内存。DMA 也不能被不同的设备驱动程序共享,因此,一些设备独占专用的 DMA,另一些设备互斥使用 DMA。

Linux 使用 dma_chan 数据结构跟踪 DMA 的使用情况,它包括拥有者的名字和分配标志两个字段,可以使用 cat/proc/dma 命令列出 dma_chan 的内容。

Linux 核心与设备驱动程序以统一的标准方式交互,因此,设备驱动程序必须提供与核心通信的标准接口,使得 Linux 核心在不知道设备具体细节的情况下,仍能够用标准方式来控制和管理设备。

Linux 设备驱动程序是内核的一部分,由于设备种类繁多、设备驱动程序也有许多种,为了能协调设备驱动程序和内核的开发,必须有一个严格定义和管理的接口。Linux 的设备驱动程序与外界的接口与 DDI/DKI(Device-Driver Interface/Driver-Kernell Interface,设备—驱动程序接口/设备驱动程序—内核接口)规范类似,可分为 3 部分。

(1)驱动程序与系统内核的接口。

(2)驱动程序与系统引导的接口。

(3)驱动程序与设备的接口。

按照功能,设备驱动程序代码包括以下部分:

1. 驱动程序的注册与注销

系统引导时,通过 sys_setup()进行系统初始化,而 sys_setup()又通过 device_setup()进行设备初始化。设备分为字符设备和块设备两种。字符设备初始化由 chr_dev_init()完成,包括对内存(register_chrdev())、终端(tty_init())、打印机(lp_init())、鼠标(misc_init())及声卡(soundcarlinit())等字符设备的初始化。块设备初始化由 blk_dev_init()完成,包括对 IDE 硬盘(ide_init())、软盘(floppy_init())、光驱等块设备的初始化。对字符设备的初始化要通过 register_chrdev()向内核注册;对块设备的初始化要通过 register_blkdev()向内核注册。

```
extern int register_chrdev(unsigned int,const char * ,struct file_operations * );
extern int register_blkdev(unsigned int,const char * ,struct file_operations * );
```

在关闭字符设备或块设备时,系统通过 unregister_chrdev()或 unregister_blkdev()

从内核中注销设备。

```
extern int unregister_chrdev(unsigned int major,const char * name);
extern int unregister_blkdev(unsigned int major,const char * name);
```

2. 设备的打开与释放

打开设备是由 open()完成的,如用 lp_open()打开打印机,用 hd_open()打开硬盘等。在打开设备时,首先检查设备是否准备好。若首次打开设备还需初始化设备,增加设备的引用计数。释放设备是由 release()完成的,如用 lp_release()释放打印机,用 tty_release()释放终端设备等。在释放设备时,需要检查并且减少设备的引用计数,若属于最后一个释放设备者,则关闭设备。

3. 设备的读/写操作

字符设备通过各自的 read()和 write()读/写设备数据。块设备通过 block_read()和 block_write()来读/写数据。所带参数与 UNIX 的完全相同。

4. 设备的控制操作

系统是通过设备驱动程序中的 ioctl()来控制设备的,如对软驱的控制使用(floppy_ioctl()),对光驱的控制使用(cdrom_ioctl())。与读/写设备数据不同,ioctl()与具体设备密切相关。软驱的控制函数原型如下:

```
static int fd_ioctl(struct inode * inode,struct file * filp,unsigned int cmd,unsigned long param);
```

其中,cmd 的取值与软驱有关,若取 FDEJECT 则表示弹出软盘。

5. 设备的控制方式

在 Linux 系统中,设备与内存之间数据传输控制方式有程序查询方式、中断方式及直接主存访问(DMA)方式等。很多 I/O 驱动程序都使用 DMA 方式来加快操作的速度。DMA 与设备的 I/O 控制器相互作用,共同实现数据传送。内核中包含一组易用的例程用来对 DMA 进行编程。当数据传送完成时,I/O 控制器通过中断请求 IRQ 向 CPU 发出信号。当设备驱动程序为某个 I/O 设备建立 DMA 操作时,必须使用总线地址来指定所用的主存缓冲区。与 IRQ 一样,DMA 也是一种资源,必须把这种资源动态地分配给需要它的设备驱动程序。

6.2 设备的管理

在 Linux 操作系统中,输入输出设备可以分为字符设备、块设备和网络设备。块设备把信息存储在可寻址的固定大小的数据块中,数据块均可以被独立地读写,建立块缓冲,能随机访问数据块。字符设备可以发送或接收字符流,通常无法编址,也不存在任何寻址操作。网络设备在 Linux 中是一种独立的设备类型,有一些特殊的处理方法。

6.2.1 字符设备处理

字符设备是最简单的设备,Linux 把这种设备当作文件来管理。打印机、终端等字符设备都作为特别文件出现。在初始化时,设置驱动程序入口到 device_struct(在 fs/

devices.h 文件中定义)数据结构的 chrdev 向量内,并在 Linux 核心注册。设备的主标识符是访问 chrdev 的索引。device_struct 包括两个元素,分别指向设备驱动程序和文件操作块。而文件操作块则指向诸如打开、读写、关闭等一些文件操作例行程序的地址。当字符设备初始化时,其设备驱动程序被添加到由 device_struct 结构组成的 chrdevs 结构数组中。device_struct 结构由两项构成:一项是指向已登记的设备驱动程序名的指针,另一项是指向 file_operations 结构的指针。而 file_operations 结构成分几乎全是函数指针,分别指向实现文件操作的入口函数。设备的主设备号用来对 chrdevs 数组进行索引。

每个 VFS 索引节点都和一系列文件操作相联系,并且这些文件操作随索引节点所代表的文件类型的不同而不同。每当一个 VFS 索引节点所代表的字符设备文件创建时,它的有关文件的操作就设置为默认的字符设备操作。默认的文件操作只包含一个打开文件的操作。

当打开一个代表字符设备的特别文件后,就得到相应的 VFS 索引节点,其中包括该设备的主设备号和次设备号。利用主设备号就可检索 chrdevs 数组,进而可以找到有关此设备的各种文件操作。这样,应用程序中的文件操作就会映射到字符设备的文件操作调用中。

对字符设备的数据处理比较容易,因为这既不需要对数据进行缓冲,也不涉及对磁盘的高速缓存。当然,字符设备因各自的需求不同而有所不同。有些字符设备必须实现一种复杂的通信协议来驱动硬件设备,而有些字符设备只需从硬件设备的一对 I/O 端口中读取几个值即可。例如,多端口的串口卡设备(提供多个串口的一种硬件设备)的驱动程序要比总线鼠标的驱动程序复杂得多。

6.2.2 块设备的数据传送

块设备的标准接口及其操作方式与字符设备类似。Linux 系统中有一个名为 blkdevs 的结构数组,Linux 采用 blk_devs 向量管理块设备。它描述一系列在系统中登记的块设备。与 chrdev 一样,blk_devs 用主设备号作为索引,并指向 blk_dev_struct 数据结构。除了文件操作接口以外,块设备还必须提供缓冲区缓存接口,blk_dev_struct 结构包括一个请求子程序和一个指向 request 队列的指针,该队列中的每一个 request 表示一个来自缓冲区的数据块读写请求。块设备的存取和文件的存取方式一样,其实现机制也与字符设备使用的机制相同。同样,数组 blkdevs 也用设备的主设备号作为索引。

与字符设备不同,块设备有几种类型,例如 SCSI 设备和 IDE 设备。每类块设备都在 Linux 系统内核中登记,且向内核提供自己的文件操作。

为了把各种块设备的操作请求队列有效地组织起来,内核中设置了一个结构数组 blk_dev。该数组中的元素类型是 blk_dev_struct 结构。这个结构由 3 个成分组成,其主体是执行操作的请求队列 request_queue,还有一个函数指针 queue。当这个指针不为 0 时,就调用这个函数指针来找到具体设备的请求队列。这是考虑到多个设备可能具有同一个主设备号。该指针在设备初始化时被设置。当它不为 0 时还要使用该结构中的另一个指针 data,用来提供辅助性信息,帮助该函数找到特定设备的请求队列。每个请求数据结构都代表一个来自缓冲区的请求。

每当缓冲区要和一个登记过的块设备交换数据时,它都会在 blk_dev_struct 中添加一个请求数据结构。每个请求都有一个指针指向一个或多个 buffer_head 数据结构,而该结构都是一个读写数据块的请求。每个请求结构都在一个静态链表 all_requests 中。将若干请求添加到一个空的请求链表中,调用设备驱动程序的请求函数,开始处理该请求队列。否则,设备驱动程序就简单地处理请求队列中的每个请求。

当设备驱动程序完成一个请求后,就把 buffer_head 结构从 request 结构中移走,标记 buffer_head 结构已更新,同时解锁。这样,就可以唤醒相应的等待进程。

诸如硬盘之类的典型块设备都有很高的平均访问时间,每个操作都需要几毫秒才能完成,这主要是因为硬盘控制器必须在磁盘表面将磁头移动到记录数据的正确的磁道和扇区上。当磁头到达正确位置时,数据传送就可以稳定在每秒几十 MB 的速率。为了达到可以接收的性能,硬盘及类似的设备都要同时传送很多相邻的字节。Linux 内核对于块设备的支持具有以下特点:

(1)通过 VFS 提供统一接口。

(2)对磁盘数据进行有效的预读。

(3)为数据提供磁盘高速缓存。

Linux 内核基本上把 I/O 数据传送划分为两类。

(1)缓冲区 I/O 操作:所传送的数据保存在缓冲区中,缓冲区是磁盘数据在内核中的普通主存容器。每个缓冲区都和一个特定的块相关联,而这个块由一个设备号和一个块号来标识。

经常用在进程直接读取块设备文件时,或者当内核读取文件系统中的特定类型的数据块时。

(2)页 I/O 操作:所传送的数据保存在主存页中,每个页包含的数据都属于普通文件。

因为没有必要把这种数据存放在相邻的磁盘块中,所以使用文件的索引节点和在文件内的偏移量来标识这种数据。页 I/O 操作主要用于读取普通文件、文件主存映射和交换。块设备的每次数据传送操作都作用于一组相邻字节,称为扇区。在大部分磁盘设备中,扇区的大小是 512 B,但是现在新出现的一些设备使用更大的扇区(1024 B 和 2048 B)。应该把扇区作为数据传送的基本单元,不允许传送少于一个扇区的数据,而大部分磁盘设备都可同时传送几个相邻的扇区。

所谓的块就是块设备驱动程序在一次单独操作中所传送的一大块相邻字节。在 Linux 中,块大小必须是 2 的整次幂,而且不能超过一个页的大小。此外,块必须是扇区大小的整数倍,因为每个块必须包含整数个扇区。同一个块设备驱动程序可以作用于多个块大小不同的分区。例如,一个块设备驱动程序可能处理两个分区的硬盘,一个分区包含 EXT2 文件系统,另一个分区包含交换分区,两个分区的块大小可以不同。

Linux 的块设备驱动程序通常被划分为高级驱动程序和低级驱动程序两部分。前者处理 VFS 层,后者处理硬件设备。假设进程对一个设备文件发出 read 或 write 系统调用,VFS 执行相应文件对象的 read 或 write 方法,由此调用高级块设备处理程序中的一个过程。这个过程执行的所有操作都与对这个硬件设备的具体读/写请求有关。然后,激活操纵设备控制器的低级驱动程序,以执行对块设备所请求的操作。

由于块设备速度很慢,因此缓冲区 I/O 数据传送通常都是异步处理的,低级设备驱动程序对 DMA 和磁盘控制器进行编程来控制其操作,然后结束。当数据传送完成时,就会产生一个中断,从而第二次激活这个低级设备驱动程序。清除这次 I/O 操作所涉及的数据结构。

6.3 常用磁盘管理命令

本节将介绍 Linux 下磁盘管理的最基本命令。包括挂载/卸载磁盘分区,查看磁盘信息,以及磁盘的分区与格式化等。

6.3.1 挂载磁盘分区

要使用磁盘分区,就需要挂载该分区。挂载时需要指定需要挂载的设备和挂载目录(该目录也称为挂载点)。挂载磁盘分区的命令为 mount。常用的命令格式如下所示:

mount -t type device dir

选项-t 的参数 type 为文件系统格式,如 ext3、vfat、ntfs 等;参数 device 为设备名称,如/dev/hda1、/dev/sdb1 等;参数 dir 为挂载目录,成功挂载后,就可以通过访问该目录以访问该分区内的文件,如/mnt/windows_c、/mnt/cdrom 等。只要是未被使用的空目录,都可用于挂载分区。

例如,通常挂载 IDE 硬盘第一个分区的目录可用如下命令(这里假设第一个分区是 Windows 系统分区,FAT32 格式):

[root@localhost ～]# mount -t vfat /dev/hda1 /mnt/windows_c

而对于挂载第一个 FAT32 格式 USB 磁盘来说,命令则可以是:

[root@localhost ～]# mount -t vfat /dev/sda1 /mnt/usb_disk

假设光驱设备名称为/dev/hdc,则挂载光盘的命令为:

[root@localhost ～]# mount - t iso9660 /dev/hdc /mnt/cdrom

前面已经介绍过,设备也是特殊的文件。实际上普通文件也可以理解为一个 loop 设备。通过-o 参数指定一个额外选项 loop 即可。例如,还可以把一个 ISO 光盘镜像文件挂载到一个目录方便读取。假设 ISO 文件路径为/home/user1/sample. iso,则该命令如下所示:

[root@localhost ～]# mount -t iso9660 -o loop /home/user1/sample. iso /mnt/cdrom

类似的额外选项还有很多,例如把磁盘以只读方式挂载的 ro 选项,这对于硬盘救护、恢复文件等操作十分有用;或者以读写方式挂载的 rw 选项等。更详细的可以参考 man 手册。

系统中对磁盘加载进行配置的文件为/etc/fstab。对于/etc/fstab 中已经配置的磁盘分区,Linux 在启动时会自动加载。/etc/fstab 的详细说明可以参考 man 手册。以下是一个样本文件,如果需要系统自动挂载分区,则需要直接修改/etc/fstab。

/etc/fstab

＃加载 swap 分区

/dev/hda8 swap swap default. s 0 0

＃加载 ext3 格式的根分区

/dev/hda9 / ext3 defaults 1 1

＃加载 Windows 的 E 盘，FAT32 格式，代码页 cp936

/dev/hda6 /mnt/wine vfat defaults，codepage＝936，iocharset＝cp936 0 0

＃加载 Windows 的 F 盘，FAT32 格式，代码页 cp936

/dev/hda7 /mnt/winf vfat defaults，codepage＝936，iocharset＝cp936 0 0

＃/dev/hdb 为光驱，noauto 表示不自动加载，user 表示非 root 帐户也可以挂载光驱

/dev/hdb /mnt/cdrom is09660 noauto，user 0 0

none /proc proc defaults 0 0

none /dev/pts devpts gid＝5，mode＝620 0

对于以上配置文件，因为/etc/fstab 中已经标明光驱的设备名称和挂载点，所以如果需要加载光驱，实际上使用如下任何一个命令都可以完成。

mount /mnt/cdrom

mount /dev/hdb

以上是挂载分区的方法。另外，随着 Linux 的发展，不少发行版都能够自行检测并自动挂载光盘和 USB 设备，并有可视化的方法进行操作。

6.3.2　卸载磁盘分区

要移除磁盘，例如卸载 USB 磁盘、光盘或者某一硬盘分区，则需要首先卸载该分区。下面介绍卸载磁盘的方法。卸载磁盘的命令为 umount，使用方法也很简单。常用的命令格式如下所示：

umount ［device｜dir］

卸载时只需要一个参数，可以是设备名称，也可以是挂载点（目录名称）。例如，卸载一个光驱设备/dev/hdc，该设备挂载于/mnt/cdrom。既可以直接卸载该设备，也可以通过其挂载的目录卸载。命令格式如下所示：

umount /dev/hdc

umount /mnt/cdrom

同样，卸载设备在很多 Linux 发行版中也能够以可视化的方式进行。

6.3.3　查看磁盘分区信息

查看磁盘分区信息实际上分很多种，例如查看磁盘的挂载情况，磁盘的分区情况以及磁盘的使用情况等，说明如下：

1. 查看磁盘的挂载情况——mount

查看磁盘的挂载情况方法很简单，直接输入不带参数的 mount 命令即可，以下为输出结果的示例。

［root@localhost ～］＃ mount

2. 查看磁盘的分区情况——fdisk

查看磁盘的分区情况可用 fdisk 命令加-l 参数即可。以下为输出结果的示例。

```
［root@localhost ～］# fdisk -l
```

3. 查看磁盘的使用情况——df

查看磁盘的使用情况可以用 df 命令。直接使用 df 的输出结果示例如下：

```
［root@localhost～］# df
```

当然也可以通过调整参数改变其输出方式，例如使用-h 参数显示更易读的信息。更多信息可以使用 man 命令进行查询。

```
［root@localhost～］# df -h
```

6.3.4　磁盘分区

对于一个新硬盘，首先需要对其进行分区，和 Windows 一样，在 Linux 下用于磁盘分区的工具也是 fdisk 命令。除此之外，还可以通过 cfdisk、parted 等可视化工具进行分区。由于磁盘分区操作可能造成数据损失，因此操作需要十分谨慎。下面具体介绍 fdisk 的使用方法。

例如，需要对/dev/sda 进行分区，则可以在控制台输入 fdisk /dev/sda。

```
［root@localhost ～］# fdisk /dev/sda
```

用户通过提示键入"m"，可以显示 fdisk 中各个命令参数的说明。fdisk 有很多命令，但通常只需要熟练掌握最常用的命令就可以顺利地运用 fdisk 进行分区。常用命令的具体意义见表 6-1。

表 6-1　　　　　　　　　fdisk 命令参数说明

命　令	说　明
a	切换分区是否为启动分区
b	编辑 bsd 卷标
c	切换分区是否为 DOS 兼容分区
d	删除分区
l	打印 Linux 支持的分区类型
m	打印 fdisk 帮助信息
n	新增分区
o	创建空白的 DOS 分区表
p	打印该磁盘的分区表
q	不保存直接退出
s	创建一个空的 Sun 分区表
t	改变分区的类型号码
u	改变分区大小的显示方式
v	检验磁盘的分区列表
w	保存结果并退出
x	进入专家模式

Linux 分区过程，一般是先通过 p 命令来显示硬盘分区表信息，然后根据信息确定将

来的分区,如下所示:

Disk /dev/sda:4294 MB, 4294967296 bytes

255 heads,63 sectors/track, 522 cylinders

Units - cylinders of 16065 . 512 . 8225280 bytes

Device Boot Start End Blocks Id System

/dev/hda1 . 41 522 3871665 83 Linux

/dev/hda2 1 40 321268 82 Linux swap

Partition table entries are not in disk order

Command(m for help):

如果想完全改变硬盘的分区格式,就可以通过 d 命令一个一个地删除存在的硬盘分区。删除完毕,就可以通过 n 命令来增加新的分区。执行后可以看到如下所示:

Command(m for help):n

Command action

e extended

P primary partition(1-4)

p Partitan number(1-4):1

First cylinder(1-1023):1

Last cylinder or ＋ size or ＋sizeK or ＋ sizeMtl-1023):258

这里要选择新建的分区类型,是主分区还是扩展分区,然后就是设置分区的大小。要注意的是,如果硬盘上有扩展分区,就只能增加逻辑分区,不能增加扩展分区。

在增加分区的时候,其类型都是默认的 Linux Native,如果要把其中的某些分区改变为其他类型,例如 Linux swap 或 FAT32 等,可以通过命令 t 来改变。改变分区类型时,系统会提示要改变哪个分区,以及改变为什么类型(如果想知道系统所支持的分区类型,键入 l),如下所示:

command(m for help):t

Partition number(1-4):1

Hex code(type L to list codes):82

Changed system type of partition 1 to 82(Linux swap)

修改完分区类型,使用命令 w,保存并退出。如果不想保存,那么可以使用命令 q 直接退出。通过如上的步骤,即可按照需要对磁盘进行分区操作。

6.3.5　分区的格式化

分区完成后,需要对文件系统格式化,格式化磁盘的命令是 mkfs,其常用的命令格式如下:

mkfs -t type device ［block_size］

选项-t 的参数 type 为文件系统格式,如 ext3、vfat、ntfs 等;参数 device 为设备名称,如/dev/hda1、/dev/sdb1 等;参数 block_size 为 block 大小,可选。

如果需要把/dev/hda1 格式化为 FAT32 格式,则可以使用如下命令:

mkfs -t vfat /dev/hda1

其实此命令还有很多别名,例如:mkfs. ext3、mkfs. xfs、mkfs. vfat 等形式的别名,还有 mke2fs、mkdosfs 等类型。例如：格式化/dev/hda5 为 ext3 格式，除了用 mkfs 指定 ext3 文件类型外，还可以直接使用下面的命令：

mkfs. ext3 /dev/hda5

格式化交换分区的命令略有不同。不是 mkfs，而是 mkswap。例如，将/dev/hda8 格式转化为 swap 分区，则可以使用如下命令：

mkswap /dev/hda8

6.3.6　检查和修复磁盘分区

对于没有正常卸载的磁盘，如遇突然断电的情况，可能损坏文件系统目录结构或其中文件损坏。因此，遇到这种情况需要检查和修复磁盘分区，检查和修复磁盘分区的命令为 fsck，其常用的命令格式如下：

fsck options device

参数 device 为设备名称，如/dev/hda1、/dev/sdb1 等；参数 options 为选项。其常用选项见表 6-2。

表 6-2　　　　　　　　　　　　　fsck 常用选项

选　项	说　明
-t type	指定分区的类型。指定后 fsck 不自动检测分区类型，可提高检测速度
-p	不提示用户直接修复
-y	自动回答 yes
-c	检测坏块
-f	强制检测，即使系统标志该分区无问题
-n	只检测，不修复
-v	Verbose 互动模式

和 mkfs 一样，fsck 也有很多别名。例如 fsck. ext3、fsck. reiserfs、fsck. vfat 等形式的别名，还有 e2fsck、reiserfsck 等类型。例如检测 reiserfs 格式的分区/dev/hda5，以下 3 条命令均可。

fsck -t reiserfs /dev/hda5

fsck. reiserfs /dev/hda5

reiserfsck /dev/hda5

6.4　磁盘配额管理

经验表明，一个多用户操作系统用户越多，浪费的磁盘空间也越多，同时系统的可靠性也会大幅降低。保证系统有效利用磁盘空间的最好方法就是对用户使用的磁盘空间进行限制，此时就可以使用 Linux 的磁盘配额。

6.4.1　磁盘配额的系统配置

首先，磁盘配额是区域性的，因此可以决定哪块分区进行磁盘配额，哪块分区不用。

磁盘的配额可以按用户进行限制,也可以对用户组进行限制。磁盘配额是合并启可以在 /etc/fstab 中配置。例如,作为一台 Web 虚拟主机服务器,/home 和/www(或者类似的)是供用户存放资源的分区,所以可以对这两个分区进行磁盘配额。假定需要对/home 分区实现用户级的限制,而对/www 进行每个组的用户配额。其中/etc/fstab 有如下两行,用户配额使用 usrquota 选项,用户组配额使用 grpquota。

/dev/sda5 /home ext3 defaults. usrquota 1 2

/dev/sda6 /www ext3 defaults. grpquota 1 2

为了使系统按照配额进行工作,必须建立磁盘配额文件 aquota. group 和 aquota. user。使用 quotacheck 命令可以完成配额文件的自动创建。quotacheck 命令还具有检测文件系统、建立硬盘使用率列表,以及检查每个文件系统的空间配额等功能。quotacheck 命令参数及说明见表 6-3。

表 6-3 quotacheck 命令主要参数及说明

选 项	说 明
-a	扫描在/etc/mtab 文件中所有挂载的文件系统
-d	启用调试模式
-u	计算每个用户占用的目录和文件数目,并创建 aquota. user 文件
-g	计算每个用户组占用的目录和文件数目,并创建 aquota. group 文件
-c	忽略现有配置文件,重新扫描新的配额文件
-b	备份旧的配额文件
-v	Verbose 互动模式

执行 quotacheck 命令创建 aquota. group 和 aquota. user 文件。

［root@localhost root］# quotacheck -avgu

6.4.2 对用户和用户组设置磁盘配额

对磁盘配额的限制一般是从占用磁盘大小和所有文件的数量两个方面来进行限制的。主要分为软限制和硬限制两种。

(1)软限制:一个用户在文件系统可拥有的最大磁盘空间和最多文件数量,在某个宽限期内可以暂时超过这个限制。

(2)硬限制:一个用户可拥有的磁盘空间或文件的绝对数量,绝对不允许超过这个限制。设置磁盘配额的限制可以用 edquota 命令。其常用参数及说明见表 6-4。

表 6-4 edquota 命令主要参数及说明

选 项	说 明
-g	对用户组设置磁盘配额
-u	对用户设置磁盘配额。若未指定-g,则默认对用户组进行设置
-p	对磁盘配额设置进行复制
-t	对文件系统设置软时间

输入 edquota 命令将启动默认文本编辑器(如 vi 或其他由 ＄EDITOR 环境变量指定的编辑器)。假设 user1 是需要定额的系统帐户,可以使用如下命令来为用户分配磁盘配额。

[root@localhost ～]＃ edquota -u user1

编辑器显示如下内容:

Quotas for user user1:

/dev/sda5:blocks in use:0,limits(soft ＝ 0,hard ＝ 0)

inodes in use:0, limits(soft ＝ 0, hard ＝ 0)

这表示 user1 用户在/dev/sda5 分区(该分区已经在 usrquota 的控制之下)下共使用 0 个数据块(以 KB 为单位),并且没有设限制(包括软限制 soft 和硬限制 hard)。同时,user1 在这个分区也没有任何文件和目录,并且也没有任何软硬限制。

如果需要对用户进行磁盘容量的限制,只需要修改 blocks 行的 limits 部分即可,注意单位使用的是 KB。

例如要为 user1 分配 100 MB 磁盘的软限制,400 MB 硬限制,可以使用如下的设置:

Quotas for user user1:

/dev/sda5:blocks in use:0, limits(soft ＝ 102400,hard ＝ 409600)

inodes in use:0, limits(soft ＝ 0, hard ＝ 0)

同样的,限制文件目录的数量可以相应地修改 inodes 行。当然也可以同时对这两项都做出限制,修改内容如下:

Quotas for user user1:

/dev/sda5:blocks in use:0, limits(soft ＝ 102400, hard ＝ 409600)

inodes in use:0,limits(soft ＝ 12800, hard ＝ 51200)

以上设置表示除了相应的容量限制外,还对文件目录的数量做了限制,其中软限制 12 800 个文件和硬限制 51 200 个文件。在保存新的配置后,该用户的磁盘使用就不能超过硬限制。如果用户试图超过这个限制,该操作将被取消,然后得到一个错误信息。

但是,如果有很多用户,且需要对每个用户都做相同的设置,上面的操作方式相当麻烦。其实这时可以复制已有的配额信息。例如,如下命令将 user1 的配额限制复制到 user2、user3、user4 上。

[root@localhost ～]＃ edquota -p user1 -u user2 user3 user4

对于用户组的配额十分类似,把选项-u 改成-g,参数由用户名改为用户组名即可。例如,下面命令将对 webgroup 组的用户进行磁盘配额限制。

[root@localhost ～]＃ edquota -g webgroup

实际上,以上的限制只是对用户设定的硬限制在起作用,因为软限制的宽限期默认是无穷大。如果需要使软限制也起作用的话,还需要对用户的软限制设定宽限期。这可以使用 edquota 命令的-t 选项来实现,命令格式如下:

[root@localhost ～]＃ edquota -t

时间限制还可以使用天、小时、分、秒为单位来设定宽限期,而文件数量限制的宽限期只有 6 个小时。

6.4.3 查看用户(组)磁盘使用情况

要查明某一个用户使用了多少磁盘空间,可以使用如下的 quota 命令:

quota [-u] username

其中,-u 选项表示显示用户的磁盘使用情况,若省略参数 username,则默认显示当前用户的磁盘使用状况。

若要查看用户组的磁盘使用状况,则可使用-g 选项。例如查看 webgroup 用户组的磁盘使用状况,则可使用如下命令:

[root@localhost ~]# quota -g webgroup

6.4.4 启动和终止磁盘配额

在设置好磁盘配额后,用户可以使用 quotaon 和 quotaoff 命令启动和终止磁盘空间配额的限制。例如,关闭/home 磁盘空间配额的命令及输出如下:

[root@localhost ~]# quotaoff /home

/dev/sda5 [/home]:group quotas turned off

/dev/sda5 [/home]:user quotas turned off

当然也可不指定操作的分区,而使用-aguv 参数设定自动搜索。

小 结

本章首先介绍了 Linux 设备驱动程序的基本原理和组成,然后介绍了 Linux 常用字符设备和块设备的管理,最后介绍了 Linux 磁盘管理的基本命令以及使用 Linux 磁盘配额的方法。

实 验 二 磁盘管理

1. 将空闲空间建立分区。

2. 建立 ext2 文件系统,让系统自动装载至/home。

3. 设/home 目录中可以进行磁盘配额。

4. 建立用户 test,设定该用户在/home 下只允许 5 MB 空间(应限制)。

练 习

1. 使用 at 规划进程任务时,为了删除已经规划好的工作任务,我们可以使用(　　　)工具。

A. atq   B. atrm   C. rm   D. del

2. atq 命令的作用是(　　　)。

A. 列出用户队列中的作业   B. 安排队列中的作业

C. 删除队列中的作业   D. 向队列中添加的作业

3. 存放系统配置文件的目录是(　　)。

A. /etc　　　　　　　B. /　　　　　　　C. /home　　　　　　D. /usr

4. Linux 系统中的设备的类型包括(　　)。

A. 块设备和字符设备　　　　　　　B. 流设备

C. 缓冲设备　　　　　　　　　　　D. 以上都不是

5. 将光盘 CD-ROM(hdc)安装到文件系统的/mnt/cdrom 目录下的命令是(　　)。

A. mount /mnt/cdrom　　　　　　B. mount /mnt/cdrom /dev/hdc

C. mount /dev/hdc /mnt/cdrom　　D. mount /dev/hdc

6. 将光盘/dev/hdc 卸载的命令是(　　)。

A. umount /dev/hdc　　　　　　　B. unmount /dev/hdc

C. umount /mnt/cdrom /dev/hdc　　D. unmount /mnt/cdrom /dev/hdc

7. Linux 文件系统的文件都按其作用分门别类地放在相关的目录中,对于外部设备文件,一般应将其放在(　　)目录中。

A. /bin　　　　　　　B. /etc　　　　　　C. /dev　　　　　　D. /lib

8. 字符设备文件类型的标志是(　　)。

A. p　　　　　　　　B. c　　　　　　　C. s　　　　　　　D. l

9. 将光盘/dev/hdc(挂载点为/mnt/cdrom)卸载的命令是(　　)。

A. umount /mnt/cdrom　　　　　　B. unmount /dev/hdc

C. umount /mnt/cdrom /dev/hdc　　D. unmount /mnt/cdrom /dev/hdc

10. 为了统计文件系统中未用的磁盘空间,我们可以使用(　　)命令。

A. dd　　　　　　　　B. df　　　　　　　C. mount　　　　　　D. ln

第7章

Linux 文件管理

文件管理是学习和使用 Linux 的基础,也是 Linux 系统管理与维护中最重要的部分之一。本章将对 Linux 目录与文件的基本知识以及文件管理操作中的一些重要或者常见的命令做较为详细的介绍。

7.1 Linux 文件基础知识

本节将对 Linux 文件的类别和 Linux 目录结构的基本概念等进行较为系统、全面的介绍。

7.1.1 Linux 常用文件类别

在 Linux 系统上,任何软件和 I/O 设备都被视为文件。Linux 中的文件名最大支持 256 个字符,分别可以用 A-Z、a-z、0-9 等字符来命名。和 Windows 不同,Linux 中文件名是区分大小写的,所有的 UNIX 系列操作系统都遵循这个规则,Linux 下也没有盘符的概念(如 Windows 下的 C 盘、D 盘),而只有目录,不同的硬盘分区是被挂载在不同目录下的。

此外,Linux 的文件没有扩展名,所以 Linux 下的文件名称和它的种类没有任何关系。例如,abc.exe 可以是文本文件,而 abc.txt 也可以是可执行文件。Linux 下的文件可以分为 5 种不同的类型:普通文件、目录文件、链接文件、设备文件和管道文件。

1. 普通文件

它是最常使用的一类文件,其特点是不包含有文件系统的结构信息。通常用户所接触到的文件,如图形文件、数据文件、文档文件、声音文件等都属于这种文件。这种类型的文件按其内部结构又可细分为文本文件和二进制文件。

2. 目录文件

目录文件是用于存放文件名及其相关信息的文件、它是内核组织文件系统的基本节点。目录文件可以包含下一级目录文件或普通文件。在 Linux 中,目录文件是一种文件。但 Linux 的目录文件和其他操作系统中的"目录"的概念不同,它是 Linux 文件中的一种。

3. 链接文件

链接文件是一种特殊的文件,实际上是指向一个真实存在的文件链接,类似于 Windows 下的快捷方式。根据链接文件的不同,它可以细分为硬链接(Hard Link)文件和符号链接(Symbolic Link,又称为软链接)文件。

4. 设备文件

设备文件是 Linux 中最特殊的文件。正是由于它的存在,使得 Linux 系统可以十分方便地访问外部设备。Linux 系统为外部设备提供一种标准接口,将外部设备视为一种特殊的文件。用户可以像访问普通文件一样访问任何外部设备,使 Linux 系统可以很方便地适应不断发展的外部设备。通常 Linux 系统将设备文件放在/dev 目录下,设备文件使用设备的主设备号和次设备号来指定某外部设备。根据访问数据方式的不同,设备文件又可以分为块设备和字符设备文件。

5. 管道文件

管道文件是一种很特殊的文件,主要用于不同进程间的信息传递。当两个进程间需要进行数据或信息传递时,可以使用管道文件。一个进程将需传递的数据或信息写入管道的一端,另一进程则从管道的另一端取得所需的数据或信息。通常管道是建立在调整缓存中。

7.1.2　Linux 目录结构概述

在计算机系统中存有大量的文件,如何有效地组织与管理它们,并为用户提供一个使用方便的接口是文件系统的一大任务。Linux 系统以文件目录的方式来组织和管理系统中的所有文件。所谓文件目录就是将所有文件的说明信息采用树型结构组织起来,即我们常说的目录。也就是说,整个文件系统有一个"根"(root),然后在根上分"权"(directory),任何一个分权上都可以再分权,权上也可以长出"叶子"。"根"和"权"在 Linux 中被称为"目录"或"文件夹"。而"叶子"则是一个个的文件。实践证明,此种结构的文件系统效率比较高。

如前所述,目录也是一种类型的文件。Linux 系统通过目录将系统中所有的文件分级、分层组织在一起,形成了 Linux 文件系统的树型层次结构。以根目录为起点,所有其他的目录都由根目录派生而来。用户可以浏览整个系统,可以进入任何一个已授权进入的目录,访问那里的文件。

实际上,各个目录节点"之下"都会有一些文件和子目录。并且,系统在建立每一个目录时,都会自动为它设定两个目录文件,一个是".",代表该目录自己,另一个是"..",代表该目录的父目录,对于根目录,"."和".."都代表其自己。

Linux 目录提供了管理文件的一个方便途径。每个目录里面都包含文件。用户可以为自己的文件创建自己的目录,也可以把一个目录下的文件移动或复制到另一目录下,而且能移动整个目录,并且和系统中的其他用户共享目录和文件。也就是说。我们能够方便地从一个目录切换到另一个目录,而且可以设置目录和文件的管理权限,以便允许或拒绝其他人对其进行访问。同时文件目录结构的相互关联性使分享数据变得十分容易,几个用户可以访问同一个文件。因此允许用户设置文件的共享程度。

需要说明的是,根目录(系统目录)是 Linux 系统中的特殊目录。Linux 是一个多用户系统,操作系统本身的驻留程序存放在以根目录开始的专用目录中。

7.1.3　Linux 目录常见概念

在 Linux 目录中,有几个比较特殊的概念,以下进行简略介绍。

1. 路径

对文件进行访问时,要用到"路径"(Path)的概念。顾名思义,路径是指从树型目录中的某个目录层次到某个文件的一条道路。此路径的主要构成是目录名称,中间用"/"隔开。任一文件在文件系统中的位置都是由相应的路径决定的。用户在对文件进行访问时,要给出文件所在的路径。路径又分为相对路径和绝对路径两种。绝对路径是指从"根"开始的路径,也称为完全路径;相对路径是从用户工作目录开始的路径。

2. 根目录

Linux 的根目录(/)是 Linux 系统中最特殊目录。根目录是所有目录的起点,操作系统本身的驻留程序存放在以根目录开始的专用目录中。

3. 用户主目录

用户主目录是系统管理员增加用户时建立起来的(以后也可以根据实际情况改变),每个用户都有自己的主目录,不同用户的主目录一般互不相同。用户刚登录到系统中时,其工作目录便是该用户的主目录,通常与用户的登录名相同。用户可以通过一个"～"符来引用自己的主目录。例如,对于主目录位于/home/user1 的用户 user1 而言,～/tool/software 和/home/user1/tool/software 是完全一样的。

4. 工作目录

从逻辑上讲,用户登录 Linux 系统之后,每时每刻都处在某个目录之中,此目录被称作工作目录或当前目录(Working Directory)。工作目录是可以随时改变的。用户初始登录到系统中时,其主目录(Home Directory)就成为其工作目录。工作目录用"."表示,其父目录用".."表示。

7.1.4　Linux 系统目录及说明

通常 Linux 系统在安装后都会默认创建一些系统目录,以存放和整个操作系统相关的文件。系统目录及其说明如下:

(1)/:根目录。在 Windows、DOS 或者其他类似的操作系统里面,每个分区都会有一个相应的根目录。但是 Linux 和其他 UNIX 系统则把所有的文件都放在一个目录树里面,/就是唯一的根目录。一般来讲,根目录下面很少保存什么文件,或者只有一个内核映像在这里。

(2)/boot:很多 Linux 系统把内核映像和其他一些启动有关的文件都放在这里。

(3)/tmp:一般只有启动时产生的临时文件才会放在这个地方。用户的临时文件都放在/var/tmp。

（4）/mnt：这个目录下面放着一些用来安装其他设备的子目录，比如说/mnt/cdrom或者/mnt/floppy。在有些 Linux 中这个目录是被/mount 代替的。

（5）/lib：启动的时候所要用到的库文件都放在这个目录下。那些非启动要用的库文件都会放在/usr/lib 下。内核模块是被放在/lib/modules/（内核版本）下的。

（6）/proc：这个目录在磁盘上其实是不存在的。里面的文件都是关于当前系统的状态，包括正在运行的进程、硬件状态、内存使用的多少等。

（7）/dev：这个目录下保存着所有的设备文件。里面有一些由 Linux 内核创建的用来控制硬件设备的特殊文件。

（8）/var：这里有一些被系统改变过的数据。比如说/var/tmp，就是用来存储临时文件的。还有很多其他的进程和模块把它们的记录文件也放在这个地方，包括如下子目录：

①/var/log：这里放着绝大部分的记录文件。随着时间的增长，这个目录会变得很庞大，所以要定期清理；

②/var/run：包括了各种运行时的信息；

③/var/lib：包括了一些系统运行时需要的文件；

④/var/spool：邮件，新闻，打印序列的所在地。

（9）/root：root 用户的主目录。

（10）home：默认情况下，除 root 外的用户主目录都会放在这个目录下。在 Linux 下，可以通过 #cd 来切换至自己的主目录。

（11）/etc：这里保存着绝大部分的系统配置文件。相对来讲，单个用户的系统配置文件会保存在这个用户自己的主目录里面。下面列举其中一些重要的子目录。

①/etc/X11：这里放着 X 系统（Linux 中的图形用户界面系统）所需要的配置文件。XF86 Config 就是把配置储存到这个地方的，/etc/X11/fonts 里面放着一些服务器需要的字体，还存放一些窗口管理器存放的配置文件。

②/etc/init.d：这个目录保存着启动描述文件，包括各种模块和服务的加载描述。这里存放的文件都是系统自动进行配置的，不需要用户配置。

③/etc/rcS.d：这里放着一些连接到/etc/init.d 的文件，根据 runlevel 的不同而执行相应的描述。这里的文件名都是由 S 来开头的，然后是一个两位的数——表示各种服务启动的顺序。比如，S24foo 就是在 S42bar 前面执行的。接着就是相应的连接到/etc/init.d 下面文件的名字了。

④/etc/rc0.d - /etc/rc6.d：这里面也是一些连接文件，和/etc/rcS.d 差不多。不同的是，这些只会在指定的 runlevel 下运行相应的描述，0 表示关机，6 表示重启。所有以 K 开头的文件表示关闭，所有以 S 开头的文件表示重启。目前来讲，文件的命名方式和/etc/rcS.d 是一样的。

（12）/bin 与/sbin：这里分别放着启动时所需要的普通程序和系统程序。很多程序在启动以后也很有用，它们放在这个目录下是因为它们经常被其他程序调用。

（13）/usr：这是一个很复杂、庞大的目录。除了上述目录之外，几乎所有的文件都存放在这下面。下面列举其中一些重要的子目录。

①/usr/X11 R6./usr/X11,/usr/Xfree86：这里保存着 X 系统所需要的文件，它的目

录结构和/usr 是一样的；

②/usr/bin：二进制执行文件存放的目录，这里放着绝大部分的应用程序；

③/usr/sbin：这里放着绝大部分的系统程序；

④/usr/games：游戏程序和相应的数据会放在这里；

⑤/usr/include：这个目录保存着 C 和 C++的头文件；

⑥/usr/lib：启动时用不到的库文件都会放在这里；

⑦/usr/info：这里保存着 GNU Info 程序所需要的数据；

⑧/usr/man：这里保存着 man 程序所需要的数据；

⑨/usr/src：这里保存着源代码文件；

⑩/usr/doc：这里保存着各种文档文件，这些文件帮助用户了解 Linux、解决问题和提供一些技巧；

⑪/usr/local：这里面保存着本地计算机所需要的文件，在用户进行远程访问的时候特别有意义，这个目录在有些 Linux 系统下就是一个单独的分区，存放一些这台机器所属的那个用户的文件，里面的结构和/usr 是一样的；

⑫/usr/shared：这里保存着各种共享文件。

7.2　Linux 文件系统

7.2.1　Linux 常用文件系统介绍

随着 Linux 的不断发展，其所能支持的文件格式系统也在迅速扩展。特别是 Linux 2.6 内核正式推出后，出现了大量新的文件系统，其中包括日志文件系统 Ext3、ReiserFS、XFS、JFS 和其他文件系统。Linux 系统核心可以支持 10 多种文件系统类型：JFS、ReiserFS、Ext、Ext2、Ext3、ISO9660、XFS、Minx、MSDOS、UMSDOS、VFAT、NTFS、HPFS、NFS、SMB、SysV、PROC 等。其中，较为普遍的有如下几种：

（1）扩展文件系统（Ext File System）是随着 Linux 不断地成熟而引入的。它包含了几个重要的扩展，但提供的性能并不令人满意。1994 年人们引入第二扩展文件系统（second Extended Filesystem，Ext2）以代替过时的 Ext 文件系统。目前，Ext2 主要用于软盘等无须日志功能的设备上。

（2）Ext3（third Extended Files system）是由开放资源社区开发的日志文件系统，被设计成 Ext2 的升级版本，尽可能地方便用户从 Ext2 向 Ext3 迁移。Ext3 在 Ext2 的基础上加入了记录元数据的日志功能，努力保持向前和向后的兼容性，是 Ext2 的升级。Ext3 还支持异步的日志，同时优化了硬盘磁头运动，其性能甚至优于无日志功能的 Ext2 文件系统。目前，Ext3 是 Linux 上较为成熟的一套文件系统。

（3）Reiser 是另一套专为 Linux 设计的日志文件系统，目前最新的版本是 Reiser4。Reiser 文件系统在处理小文件上比 Ext3 文件系统更有优势，效率更高，碎片也更少。目前此文件系统已经成为不少发行版的默认文件系统。

(4)XFS 是从 SGI 开发的高级日志文件系统,XFS 具备较强的伸缩性,非常健壮。其数据完整性、传输特性、可扩展性等诸多指标都非常突出。

(5)ISO9660 是标准 CD-ROM 文件系统,允许长文件名。

(6)NFS(Network File System)是 Sun 公司推出的网络文件系统,允许在多台计算机之间共享同一文件系统,易于从所有这些计算机上存取文件。

还有一些并不常用或者已经被淘汰的文件系统,如 Minix(Linux 支持的第一个文件系统)Xia(Minix 文件系统修正后的版本),以及 SysV(System V/Coherent 在 Linux 平台上的文件系统)等。

除了上面这些 Linux 文件系统外,Linux 还可以支持基于 Windows 和 Netware 的文件系统,如 UMSDOS、MSDOS、VFAT、HPFS、SMB 和 NCPFS 等,兼容这些文件系统对 Linux 用户来说也是很重要的,毕竟现在桌面环境 Windows 文件系统还是很流行的。而 Netware 网络也有许多用户,Linux 用户也要共享这些文件系统的数据。

(1)UMSDOS 是一种 Linux 下的 MS DOS 文件系统驱动,支持长文件名、所有者、允许权限、连接和设备文件。允许一个普通的 MS DOS 文件系统用于 Linux,而且无须为其建立单独的分区。

(2)MS DOS 是在 DOS、Windows 和某些 OS/2 操作系统上使用的一种文件系统,其名称采用"8+3"的形式,即 8 个字符的文件名加上 3 个字符的扩展名。

(3)VFAT 是在 Windows 9X 和 Windows 2000 下使用的一种 DOS 文件系统,其在 DOS 文件系统的基础上增加了对长文件名的支持。

(4)HPFS(High Performance File System,高性能文件系统)是微软 LAN Manager 中的文件系统,同时也是 IBM 的 LAN Server 和 OS/2 的文件系统,HPFS 能访问较大的硬盘驱动器,提供了更多的组织特性,改善了文件系统的安全特性。

(5)SMB 是一种支持 Windows for Workgroups、Windows NT 和 LAN Manager 的基于 SMB 协议的网络操作系统。

(6)NCPFS 是一种 Novell NetWare 使用 NCP 协议的网络操作系统。

(7)NTFS 是由 Windows 2000/XP/2003 操作系统支持,一个特别为网络和磁盘配额、文件加密等安全特性设计的磁盘格式。

除以上这些外,Linux 下还有几个比较特殊的文件系统,例如,Swap 是 Linux 用于交换分区格式。交换分区作用类似于 Windows 下的页面文件 Pagefile. sys,当内存空间不足时,用硬盘提供虚拟内存空间。还有一些内存文件系统,如 Linux Kernel 2.6 引入的 Sysfs 等。

7.2.2　磁盘分区命名方式

在 Linux 中,每一个硬件设备都映射到一个系统的文件,包括硬盘、光驱等 IDE 或 SCSI 设备。Linux 把各种 IDE 设备分配了一个由 hd 前缀组成的文件。而各种 SCSI 设备,则被分配了一个由 sd 前缀组成的文件,编号方法为拉丁字母顺序。例如,第一个 IDE 设备(如 IDE 硬盘或 IDE 光驱),Linux 定义为 hda;第二个 IDE 设备就定义为 hdb;下面以此类推。而 SCSI 设备就应该是 sda、sdb、sdc 等。USB 磁盘通常会被识别为 SCSI 设备,因此其设备名可能是 sda。

在 Linux 中规定,每一个硬盘设备最多能有 4 个主分区(其中包含扩展分区)。任何一个扩展分区都要占用一个主分区号码,在一个硬盘中,主分区和扩展分区一共最多是 4 个。编号方法为阿拉伯数字顺序。需要注意的是,主分区按 1、2、3、4 编号,扩展分区中的逻辑分区,编号直接从 5 开始,无论是否有 2 号或 3 号主分区。对于第一个 IDE 硬盘的第一主分区,则编号为 hda1,而第二个 IDE 硬盘的第一个逻辑分区编号应为 hdb5。

常见的 Linux 磁盘命名规则为 hdXY(或 sdXY),其中 X 为小写拉丁字母,Y 为阿拉伯数字,个别系统可能命名略有差异。

7.2.3　文件系统的实现

Linux 支持多种不同类型的文件系统,包括 EXT、EXT2、MINIX、UMSDOS、NCP、ISO9660、HPFS、MSDOS、NTFS、XIA、VFAT、PROC、NFS、SMB、SYSV、AFFS 以及 UFS 等。由于每一种文件系统都有自己的组织结构和文件操作函数,并且相互之间的差别很大,Linux 文件系统的实现有一定的难度。为支持上述的各种文件系统,Linux 在实现文件系统时采用了两层结构。第一层是虚拟文件系统(Virtual File System,VFS),它把各种实际文件系统的公共结构抽象出来,建立统一的以 i_node 为中心的组织结构,为实际文件系统提供兼容性。它的作用是屏蔽各类文件系统的差异,给用户、应用程序和 Linux 的其他管理模块提供统一的接口。第二层是 Linux 支持的各种实际文件系统。

Linux 的文件操作面向外存空间,它采用缓冲技术和 hash 表来解决外存与内存在 I/O 速度上的差异。在众多的文件系统类型中,EXT2 是 Linux 自行设计的具有较高效率的一种文件系统类型。它建立在超级块、块组、i_node 和目录项等结构的基础上,本节做简单介绍。Linux 文件系统安装同其他操作系统一样,Linux 支持多个物理硬盘,每个物理磁盘可以划分为一个或多个磁盘分区,在每个磁盘分区上就可以建立一个文件系统。一个文件系统在物理数据组织上一般划分为引导块、超级块、i_node 区以及数据区。引导块位于文件系统开头,通常为一个扇区,存放引导程序,用于读入并启动操作系统。超级块由于记录文件系统的管理信息,根据特定文件系统的需要其存储的信息不同。i_node 区用于登记每个文件的目录项,第一个 i_node 是该文件系统的根节点。数据区则存放文件数据或一些管理数据。

一个安装好的 Linux 操作系统究竟支持几种不同类型的文件系统,是通过文件系统类型注册链表来描述的。VFS 以链表形式管理已注册的文件系统。向系统注册文件系统类型有两种途径,一种是在编译操作系统内核时确定,并在系统初始化时通过函数调用向注册表登记它的类型;另一种是把文件系统当作一个模块,通过 kerneld 或 insmod 命令在装入该文件系统模块时向注册表登记它的类型。

文件系统数据结构中,file_systems 指向文件系统注册表,每一个文件系统类型在注册表中都有一个登记项,记录了该文件系统类型的名 name、支持该文件系统的设备 requiresdev、读出该文件系统在外存超级块的函数 read_super 以及注册表的链表指针 next。函数 register_filesystem 用于注册一个文件系统类型,函数 unregister_filesystem 用于从注册表中卸装一个文件系统类型。

每一个具体的文件系统不仅包括文件和数据,还包括文件系统本身的树形目录结构,以及子目录、链接、访问权限等信息,它还必须保证数据的安全性和可靠性。

Linux 操作系统不通过设备标识访问某个具体文件系统,而是通过 mount 命令把它安装到文件系统树形目录结构的某一个目录节点,该文件系统的所有文件和子目录就是该目录的文件和子目录,直到用 umount 命令显式地卸载该文件系统。

当 Linux 自举时,首先装入根文件系统,然后根据/ete/fstab 中的登记项使用 mount 命令逐个安装文件系统。此外,用户也可以显式地通过 mount 和 umount 命令安装和卸载文件系统。当安装/卸载一个文件系统时,应使用函数 add_vfsmnt/remove_vfsmnt 向操作系统注册/注销该文件系统。另外,函数 lookup_vfsmnt 用于检查注册的文件系统。

执行文件系统的注册/注销操作时,将在以 vfsmntlist 为链表头和 vfsmnttail 为链表尾的单向链表中增加/删除一个 vfsmount 节点。

超级用户安装一个文件系统的命令格式是:

mount 参数(文件系统 类型文件 系统设备名 文件系统安装目录)

文件管理接收 mount 命令的处理过程如下:

(1)如果文件系统类型注册表中存在对应的文件系统类型,转到步骤(3)。

(2)如果文件系统类型不合法,则出错返回,否则在文件系统类型注册表注册对应的文件系统类型。

(3)如果该文件系统对应的物理设备不存在或已被安装,则出错返回。

(4)如果文件系统安装目录不存在或已经安装有其他文件系统,则出错返回。

(5)向内存超级块数组 super_blocks 申请一个空闲的内存超级块。

(6)调用文件系统类型节点提供的 read_super 函数读入安装文件系统的外存超级块,写入内存超级块。

(7)申请一个 vfsmount 节点,填充正确内容后,链入文件系统注册表链。

在使用 umount 卸载文件系统时,必须首先检查文件系统是否正在被其他进程使用。若正在被使用,umount 操作必须等待,否则可以把内存超级块写回外存,并在文件系统注册表中删除相应节点。

7.3　虚拟文件系统

虚拟文件系统(VFS)是物理文件系统与服务之间的一个接口层,它对每一个具体的文件系统的所有细节进行抽象,使得 Linux 用户能够用同一个接口使用不同的文件系统。VFS 只是一种存在于内存的文件系统,在系统启动时产生,并随着系统的关闭而注销。拥有关于各种特殊文件系统的公共接口,如超级块、inode、文件操作函数入口等,特殊的文件系统的细节统一由 VFS 的公共接口来翻译,当然对系统内核和用户进程是透明的。它的主要功能包括:

(1)记录可用的文件系统的类型。

(2)把设备与对应的文件系统联系起来。

（3）处理一些面向文件的通用操作。

（4）涉及针对具体文件系统的操作时，把它们映射到与控制文件、目录以及 inode 相关的物理文件系统。

引入 VFS 后，Linux 文件管理的实现层次如图 7-1 所示。

用户进程(用户空间)					
VFS					
Minix	NFS	EXT2	FAT	目录缓存	索引节点缓存
设备缓存					
设备驱动程序					

图 7-1　通过 VFS 实现 Linux 文件管理

当某个进程发出了一个文件系统调用时，内核将调用 VFS 中相应函数，这个函数处理一些与物理结构无关的操作，并且把它重新定向为真实文件系统中相应函数调用，后者再来处理那些与物理结构有关的操作。

实现 VFS 的数据结构主要有以下 4 个：

（1）超级块(superblock)：存储被安装的文件系统的信息，对基于磁盘的文件系统来说，超级块中包含文件系统控制块。

（2）索引节点(inode)：存储通用的文件信息，对基于磁盘的文件系统来说，一般是指磁盘上的文件控制块，每个 inode 有唯一的 inode 号，并通过 inode 号标识每个文件。

（3）系统打开文件表：存储进程与已打开文件的交互信息，这些信息仅当进程打开文件时才存于内核空间中。

（4）目录项 dentry(DirectoryEntry)：存储对目录的连接信息，包含对应的文件信息。基于磁盘的不同文件系统按各自特定方法将信息存于磁盘上。

VFS 描述文件系统使用超级块和 inode 的方式。当系统初始启动时，所有被初始化的文件系统类型都要向 VFS 登记。每种文件系统类型的读超级块 read_super 函数必须从磁盘文件系统中读取给定文件系统的数据，识别该文件系统的结构，并且翻译成独立于设备的有用信息，把这些信息存储到 VFS 的 super_block 数据结构中。

超级块(structsuper_block)数据结构的主要信息有以下一些内容：

（1）链接其他文件系统的超级块的链表。

（2）该文件系统的主、次设备号。

（3）块大小。

（4）锁定标志，置位表示拒绝其他进程访问。

（5）只读标志。

（6）已修改标志。

（7）指向文件系统类型注册表相应项。

（8）超级块提供的文件操作函数。

（9）超级块提供的磁盘配置操作。

（10）标志、更新时间长度等。

（11）超级块根节点的 dentry 节点。

（12）超级块上的等待队列。

为了保证文件系统的性能,物理文件系统中超级块必须驻留在内存中,具体地说,就是利用 super_block.u 来存储具体的超级块。VFS 超级块包含了一个指向文件系统中的第一个 inode 的指针 s_mounted,对于根文件系统,它就是代表根目录的 inode 节点。

文件系统中的每一个子目录和文件对应于一个唯一的 inode,它是 Linux 管理文件系统的最基本单位,也是文件系统连接任何子目录、任何文件的桥梁。inode 可通过 inode_cache 访问,其内容来自物理设备上的文件系统,并有文件系统指定的操作函数填写。

inode 的数据结构如下:

struct_inode

　　　　用于 hash、无用链表的 LRU 排列

　　　　与 inode 相连的 dentry 节点的链表

inode 号

inode 节点正在访问数

　　　　该文件系统的主、次设备号

　　　　文件类型以及存取权限

　　　　连接到该 inode 的 link 数

inode 的用户 ID

inode 的组 ID

　　　　该 inode 描述的主、次设备号

inode 大小

　　　　访问、修改和创建时间

inode 节点的块大小

inode 节点的块数目

inode 节点的版本

inode 节点所占的页数

lnode 操作信号量和原语写操作

lnode 的操作函数

inode 所在的 VFS 超级块

inode 的等待队列

inode 的记录锁链表首地址

inode 内存映像

inode 内存页面单向链表

inode 链指针

inodecache 链指针

　　　　指向下挂文件系统的 inode 的根目录

引用计数,0 表示空闲

inode 的锁定标志

inode 已修改标志

各个物理文件系统 inode 的特有结构类型同超级块一样,inode.u 用于存储每一个特定文件系统的特定 inode。系统所有的 inode 通过 i_prev、i_next 连接成双向链表,头指针是 first_inode。每个 inode 通过 i_dev 和 i_ino 唯一地对应到某一个设备上的某一个文件或子目录。i_count 为 0 时表明该 inode 空闲,空闲的 inode 总是放在 first_inode 链表的前面,当没有空闲的 inode 时,VFS 会调用函数 grow_inodes 从系统内核空间申请一个页面,并将该页面分割成若干个空闲 inode,加入 first_inode 链表。围绕 first_inode 链,VFS 还提供一组操作函数,主要有:insert_inode_free()、remove_inode_free()、put_last_free()、insert_inode_hash()、remove_inode_hash()、clear_inode()、get_empty_inode()、lock_inode()、unlock_inode()、write_inode()等。

VFS 的目录中存储了当前目录下的文件和子目录信息,在 VFS 中目录也被抽象成文件的形式,每个目录有自己的 inode,这样 VFS 可采用相同的方法处理文件和目录。VFS 中引入目录 dentry 的主要目的是协助实现对文件的快速定位,改进文件系统效率,此外,目录还起到一定的缓冲作用。dentry 一般被维护在 cache 中,这样可以快速找到所需目录,以便快速地定位文件。

7.4 文件操作系统调用

在 VFS 中,采用 dentry 结构和 inode 节点配合实现文件查找。每个打开的文件都对应一个 dentry 节点,并存放在内核的 dentry_cache 中。当查找一个文件时,利用 dentry * namei 函数,沿文件的路径名,依次查看每一层目录的 dentry 节点是否出现在 dentry_cache 中,如果没有,就通过父目录直接到磁盘上去查找,得到它对应的 inode 节点,再读入内存中,并在 dentry_cache 中新建一个 dentry 节点与得到的已存于内存中的 inode 节点建立联系。之后,系统在文件查找时不用每次再去访问磁盘,直接从核心的内存区中找到文件的 inode 节点,因而提高了文件查找效率。

下面是主要文件操作:

1. 文件的打开

主要函数有 sys_open()和 sys_creat()。对每个打开的文件,系统会分给它一个唯一的文件 ID 号,进程对文件操作时,只需 ID 号便可找到文件指针。要打开某个文件时,系统先得到一个空的文件 ID 号和一个文件信息节点。然后,由相应文件名通过文件查找找到它的 dentry 和 inode 节点,建立 4 者的联系。最后,再通过具体的文件系统自身提供的文件打开函数真正地打开指定文件。如果该文件不存在,系统会根据给定参数,先建立文件,再把文件打开。

以下是打开文件的系统调用的实现:

#include<sys/types.h>

```
#include<sys/stat.h>
#include<fcntl.h>
intopen(const char * path,int flags);
intopen(const char * path,int flags,mode_t mode);
```

其中,path 为要打开的文件路径名指针。flags 为文件打开标志参数。文件打开标志参数必须包括下列 3 个参数之一。

(1)O_RDONLY

(2)O_WRONLY

(3)O_RDWR

此外,上述文件打开标志参数还可利用逻辑或运算与下列标志值进行任意组合。

(1)O_CREAT

(2)O_EXCL

(3)O_TRUNC

(4)O_APPEND

所有这些文件打开标志参数值可以通过#include<fcntl.h>访问。mode 为文件访问模式,用来设置文件主、文件主所在组用户和所有其他用户所具有的访问权限。这些数值可以通过#include<sys/stat.h>访问。

(1)S_IRUSR:文件主可读。

(2)S_IWUSR:文件主可写。

(3)S_IXUSR:文件主可执行。

(4)S_IRGRP:文件主所在组用户可读。

(5)S_IWGRP:文件主所在组用户可写。

(6)S_IXGRP:文件主所在组用户可执行。

(7)S_IROTH:所有其他用户可读。

(8)S_IWOTH:所有其他用户可写。

(9)S_IXOTH:所有其他用户可执行。

(10)创建文件的系统调用为 creat()。

```
#include<sys/types.h>
#include<sys/stat.h>
int creat(const char * path,mode_t mode);
```

2. 文件的关闭

关闭文件使用函数 sys_close(),系统先释放文件的 ID 号,再释放文件信息节点、dentry 节点、inode 节点,最后,调用具体文件系统的关闭函数关闭该文件。文件被修改时还要进行更新。关闭的同时,要移去其他进程在该文件上留下的记录锁。

3. 文件指针移动

主要函数有 sys_lseek()和 sys_plseek()。系统根据给定的操作参数对文件的指针进行移动,有两种指针移动方式:一种是从当前文件指针开始;另一种是从文件的末尾开始。针对不同的文件类型,系统提供两种移动函数:一种是当指定文件为符号链接文件时,查到其链接的源文件,并移动文件指针;另一种是当指定文件为符号链接文件时,不进行链接查找,仅移动指定文件的指针。

4.读写文件操作

读文件操作的主要函数有 sys_read()和 sys_pread()。这是由具体文件系统实现的功能,先要判断欲读的文件区域是否被其他进程锁住,再决定能否把文件内容读到指定区域。两种读函数分别为:从文件的当前指针读起;从指定的文件指针读起。

写文件操作的主要函数有 sys_write()和 sys_pwrite()。系统先要判断欲写的文件区域是否被其他进程锁住,再决定能否把文件内容写到指定区域。两种写函数分别为:从文件的当前指针写起;从指定的文件指针写起。

一旦文件被打开,就有了一个可使用的文件描述符,可以用 read()系统调用从文件中读取数据。程序如下所示:

```
＃include＜sys/types.h＞
＃include＜unistd.h＞
int read(int fd,void ＊ buf,size_t nbytes);
```

其中,fd 为文件描述符,buf 为读入数据缓冲区指针,nbytes 为要读入的数据字节数。其功能是从文件 fd 中读入 nbytes 个字节数据,放入 buf 数据缓冲区中。同样,可以用write()系统调用将数据写入一个文件中。程序如下所示:

```
＃include＜sys/types.h＞
＃include＜unistd.h＞
int write(int fd,void ＊ buf,size_t nbytes);
```

其中,fd 为文件描述符,buf 为数据缓冲区指针,nbytes 为要写入的数据字节数。其功能是从 buf 数据缓冲区中读入 nbytes 个字节数据,存入文件中。另外 stat()和 fstat()是专门用来读取文件索引节点结构信息的系统调用,由下面语句实现。

```
＃include＜sys/stat.h＞
＃include＜unistd.h＞
int fstat(int fd,struct stat ＊ sbuf);
int stat(char ＊ pathname,struct stat ＊ sbuf);
```

其中,fd 为文件描述符,sbuf 为指向 stat 结构的指针。

5.文件属性控制

函数 sys_fcntl()对文件的相关属性进行修改和查询。

6.文件上锁

同时支持函数 sys_fcntl()和 sys_flock()对文件或文件记录上锁。

7.文件的 I/O 控制

函数 sys_ioctl()对文件的 I/O 属性进行修改和查询。

8.各种其他文件操作

Linux 还提供许多函数,用于对文件进行各种操作,主要有:文件信息的获取函数、文件访问权限测试和修改函数、文件 UID 和 GID 修改函数、文件裁减函数、文件的链接和解除链接函数、文件重命名函数、文件目录的创建和删除函数、读文件目录函数、改变当前工作目录函数。

7.5　文件与目录基本操作

Linux 系统中,文件与目录的操作是最基本、最重要的技术。用户可以方便、高效地通过系统提供的命令对文件和目录进行操作,本节将分别对这些基本命令进行介绍。

7.5.1　显示文件内容命令——cat、more、less、head、tail

用户要查看一个文件的内容时,可以根据显示要求的不同选用以下的命令。

1. cat 命令

该命令的主要功能是用来显示文件,依次读取其所指文件的内容并将其输出到标准输出设备上。另外,还能用来连接两个或多个文件,形成新的文件。该命令的常用形式如下:

cat [option] filename

cat 命令中各个选项的含义如下:

(1)V:用一种特殊形式显示控制字符-LFDtjTAB 除外。

(2)T:将 TAB 显示为"ˆI"。该选项要与-v 选项一起使用。即如果没有使用-v 选项,则这个选项将被忽略。

(3)E:在每行的末尾显示一个 $ 符。该选项需要与-v 选项一起使用。

(4)u:输出不经过缓冲区。

(5)A:等同于-vET。

(6)t:等同于-vT。

(7)e:等同于-vE。

下面给出使用该命令的例子。

//在屏幕上显示出 Readme. txt 文件的内容

[root@localhost ～]♯ cat Readme. txt

//屏幕上显示出 Readme. txt 文件的内容,如果文件中含有特殊字符的话,一起显示出来

[root@localhost ～]♯cat -A Readme. txt

//把文件 test1 和文件 test2 的内容合并起来,放入文件 test3 中

[root@localhost ～]♯cat test1 test2>test3

//此时在终端屏幕不能直接看到该命令执行后的结果,也就是文件 test3 的内容,若想看到连接后的文件内容,可以使用"cat test3"命令

[root@localhost ～]♯ cat test3 //显示文件 test3 的内容

2. more 命令

在查看文件过程中,因为有的文本过于庞大,文本在屏幕上迅速地闪过,用户来不及看清其内容。该命令就可以一次显示一屏文本,并在终端底部打印出"--More-",系统还将同时显示出已显示文本占全部文本的百分比。若要继续显示,按 Enter 键或空格键即可。该命令的常用形式如下:

more〔option〕filename

more 命令中部分常用选项的含义如下:

(1)-p:显示下一屏之前先清屏。

(2)-c:作用同-p 类似。

(3)-d:在每屏的底部显示更友好的提示信息为:--More--(XX%)〔Press space to continue,′q′to quit.〕。

(4)-s:将文件中连续的空白行压缩成一个空白行显示。

另外,在 more 命令的执行过程中,用户可以使用其一系列命令动态地根据需要来选择显示的部分。more 在显示完一屏内容之后,将停下来等待用户输入某个命令。下面列出常用的几种:

(1)i:n 在命令行中指定了多个文件名的情况下,可用此命令使之显示第 i 个文件,若 i 过大(出界),则显示文件名列表中的最后一个文件;

(2)i:p 在命令行中指定了多个文件名的情况下,可用此命令使之显示倒数第 i 个文件,若 i 过大(出界),则显示第一个文件;

(3)i:f 显示当前文件的文件名和行数。

下面给出示例,说明如何使用上述命令及参数。

//用分页的方式显示文件 Makefile 的内容

〔root@localhost root〕# more Makefile

//显示 examplel. e 文件的内容,但显示之前先清屏,并且在屏幕的最下方显示完整的百分比

〔root@localhost ～〕# more - de examplel. e

//显示 COPYING 文件的内容,要求每 10 行显示一次,且显示之前先清屏

〔root@localhost ～〕# more -c-10 COPYING

按空格可以向下翻页,按"q"键退出。

3. less 命令

该命令的功能和 more 命令的功能基本相同,也是用来按页显示文件,不同之处在于 less 命令在显示文件时,允许用户既可以向前又可以向后逐行翻阅文件,而 more 命令只能向后翻阅文件。由于该命令参数的使用与 more 命令类似,在此不再赘述。如果要按页显示 test 文件,则执行如下命令:

〔root@localhost root〕# less test

如果要向后翻阅,可以使用键盘的"PageUp"键,要向前翻阅文件,则相应地使用键盘的"PageDown"键即可。按方向键可以逐行滚动,按"Q"键退出。

4. head 命令

该命令只显示文件或标准输入(从计算机的标准输入设备中得到的信息流,通常是指从键盘、鼠标等获得的数据)的头几行内容。如果用户希望查看一个文件究竟保存的是什么内容,只要查看文件的头几行,而不必浏览整个文件,便可以使用这个命令。该命令的常用形式如下:

head - number filename

该命令用来显示每个指定文件的前面 n 行。如果没有给出 n 值,默认设置为 10。如

果没有指定文件,head 就从标准输入读取。例如:以下命令显示文件 test.c 的前 3 行。

[root@localhost root]# head -3 test.c

//前 3 行的具体内容

#include <stdio.h>

#include <string.h>

int main()

5. tail 命令

和 head 命令的功能相对应,如果想查看文件的尾部,可以使用 tail 命令。该命令显示一个文件的指定内容。它把指定文件的指定显示范围内的内容显示在标准输出上。同样,如果没有给定文件名,则使用标准输入文件该命令的常用形式如下:

tail option filename

tail 命令中各个选项的含义如下:

(1)+num:从第 num 行以后开始显示。

(2)-num:从距文件尾 num 行处开始显示;如果省略 num 参数,系统默认值为 10。

(3)l:以文本行为 num 的计数单位;与参数选项+num 或-num 选项同时使用时,num 表示要显示的文本行行数。

(4)c:以字节为 num 的计数单位;与参数选项+num 或-num 选项同时使用时,num 表示要显示的字符数。

例如,显示文件 example 的最后 4 行,可用如下命令:

[root@localhost ~]# tail -4 example

7.5.2　文件内容查询命令——grep、egrep、fgrep

文件内容查询命令主要是指 grep、egrep 和 fgrep 命令,这组命令以指定的查找模式搜索文件,通知用户在什么文件中搜索列与指定的模式匹配的字符串,并且打印出所有包含该字符串的文本行,该文本行的最前面是该行所在的文件名。

grep 命令一次只能搜索一个指定的模式;egrep 命令检索扩展的正则表达式(包括表达式组和可选项);fgrep 命令检索固定字符串,并不识别正则表达式,是一种更为快速的搜索命令这组命令在搜索与定位文件中特定的主题和关键词方面非常有效,可以用其来搜索文件中包含的这些关键词。总的来说,grep 命令的搜索功能比 fgrep 强大,因为 grep 命令的搜索模式可以是正则表达式,而 fgrep 却不能。

搜索到的文本行上加入行号,或者只输出文本行的行号,或输出所有与搜索模式不匹配的文本行,或只简单地输出已搜索到指定模式的文件名,并且可以指定在查找模式时忽略大小写。

这组命令在指定的输入文件中查找与模式匹配的行。如果没有指定文件,则从标准输入中读取。正常情况下,每个匹配的行都被显示到标准输出。如果要查找的文件是多个,则在每一行输出之前加上文件名。

该组命令的常用格式如下:

grep [option] [search pattern] [file1, file2, …]

egrep〔option〕〔search pattern〕〔file1，file2，…〕

fgrep〔option〕〔search pattern〕〔file1，file2，…〕

下面列出常用的部分命令选项。

(1)-b：在输出的每一行前显示包含匹配字符串的行在文件中的字节偏移量。

(2)-c：只显示匹配行的数量。

(3)-i：比较时不区分大小写。

(4)-h：在查找多个文件时，指示 grep 不要将文件名加入输出之前。

(5)-l：显示首次匹配串所在的文件名并用换行符将其隔开。当在某文件中多次出现匹配串时，不重复显示此文件名。

(6)-n：在输出前加上匹配串所在行的行号(文件首行行号为 1)。

(7)-v：只显示不包含匹配串的行。

(8)-x：只显示整行严格匹配的行。

下面给出一些使用 grep 命令的例子，该组其他命令的使用方法和该命令是一样的。

//在文件 stdc.h 中搜索字符串"text file"

〔root@localhost ～〕♯ grep ′text file′ stdc.h

//搜索出当前目录下所有文件中含有"data"字符串的行

〔root@localhost ～〕♯ grep data

//在 C 程序文件中搜索包含有"stdio.h"头文件的所有文件

〔root@localhost ～〕♯ grep stdio.h ＊.c

7.5.3　文件查找命令——find、locate

用户进行文件查找时，可以使用如下介绍的几种命令。

1. find 命令

该命令的功能是在指定的目录开始，递归地搜索其各个子目录，查找满足寻找条件的文件并对其采取相关的操作。此命令提供了相当多的查找条件，功能非常强大。find 命令的常用格式如下：

find〔option〕filename

find 命令提供的寻找条件可以是一个用逻辑运算符 not、and、or 组成的复合条件。逻辑运算符 and、or、not 的含义如下：

(1)and：逻辑与。在命令中用"-a"表示，是系统默认的选项，表示只有当所给的条件都满足时，寻找条件才满足。

(2)or：逻辑或，在命令中用"-o"表示。该运算符表示只要所给的条件中有一个满足时，寻找条件就满足。

(3)not：逻辑非，在命令中用"!"表示。该运算符表示查找不满足所给条件的文件。

该命令的查找方式主要为以名称和文件属性查找，参数如下：

(1)-name′字串′：查找文件名匹配所给字串的所有文件，字串内可用通配符 ＊、?、〔〕。

(2)-gid n′字串′：查 ID 件名匹配所给字串的所有符号链接文件，字串内可用通配符 ＊、?、〔〕。

(3)-gid n：查找属于 ID 号为 n 的用户组的所有文件。

(4)-uid n：查找属于 ID 号为 n 的用户的所有文件。

(5)-group string：查找属于用户组名为所给字串的所有文件。

(6)-user string：查找属于用户名为所给字串的所有文件。

(7)-empty：查找大小为 0 的目录或文件。

(8)-path string：查找路径名匹配所给字串的所有文件，字串内可用通配符 ∗、?、[]。

(9)-perm permission：查找具有指定权限的文件和目录，权限的表示可以如 711（表示文件/目录所有者具有读写、执行权限，同组用户和系统其他用户只具有执行权限），644（文件/目录所有者具有读写权限，同组用户和系统其他用户只具有读权限）等，具体如何设置数字权限形式，读者请参看本章后面对文件/目录访问权限管理的介绍。

(10)size N[bcwkMG]：查找指定文件大小的文件，N 后面的字符表示单位，默认为 b，代表 512 字节的块。

该命令也提供了对查找出来的文件进行特定操作的选项。

(1)-exec cmd{}：对符合条件的文件执行所给的 Linux 命令，而不询问用户是否要执行该命令。{}表示命令的参数即为所找到的文件；命令的末尾必须以"\;"结束。

(2)-ok cmd{}：对符合条件的文件执行所给的 Linux 命令，与 exec 不同的是，它会询问用户是否要执行该命令。

(3)-ls：详细列出所找到的所有文件。

(4)-fprintf 文件名：将找到的文件名写入指定文件。

(5)-print：在标准输出设备上显示查找出的文件名。

下面给出使用该命令的例子。

//查找当前目录中所有以 main 开头的文件，并显示这些文件的内容

[root@localhost ～]# find. - name 'main ∗ '- exec more{}\；

//删除当前目录下所有一周之内没有被访问过的 a.out 或...文件

[root@localhost ～]#find. \(- name a.out -. - name '...'\)\

＞ - atime ＋7 - exec rm {} \；

//寻找三个给定条件都满足的所有文件

[root@localhost ～]# find -name' tmp'-xtype c-user' inin'

//查询文件名为 tmp 或是匹配"mina ∗ "的所有文件

[root@localhost ～]# find -name ' tmp'-o -name ' mina ∗ '

//命令查询文件名不是"tmp"的所有文件

[root@localhost ～]#find! -name 'tmp'

2. locate 命令

该命令也用于查找文件，比 find 命令的搜索速度快。使用时需要一个数据库，这个数据库由每天的例行工作（crontab）程序来建立。建立好数据库后，就可以方便地用来搜寻所需文件了。

locate 命令的常用格式如下：

locate [option] filename

7.5.4　文本处理命令——sort、uniq

文件处理命令包括 sort 和 uniq,下面分别对其进行介绍。

1. sort 命令

该命令的功能是对文件中的各行进行排序。该命令有许多非常实用的选项,它们最初是用来对数据库格式的文件内容进行各种排序操作的。实际上,sort 命令可以被认为是一个非常强大的数据管理工具,用来管理内容类似数据库记录的文件。

该命令将逐行地对文件中的内容进行排序,如果两行的首字符相同,该命令将继续比较这两行的下一字符。sort 排序是根据从输入行抽取的一个或多个关键字进行比较来完成的。排序关键字定义了用来排序的最小的字符序列在默认情况下,以整行为关键字按 ASCII 字符顺序进行排序。sort 命令的常用格式如下:

sort〔option〕filename

该命令改变默认设置的主要选项如下:

(1)-m:若给定文件已排好序,合并文件。

(2)-c:检查给定文件是否已排好序,如果它们都没有排好序,则打印一个出错信息,并以状态值 1 退出。

(3)-u:对排序后认为相同的行只保留其中一行。

(4)-o:输出文件将排序输出写到输出文件中而不是标准输出,如果输出文件是输入文件之一,sort 便将该文件的内容写入一个临时文件,然后再排序和写输出结果。-d:按字典顺序排序,比较时仅字母、数字、空格和制表符有意义。

(5)-f:将小写字母与大写字母同等对待。

(6)-I:忽略非打印字符。

(7)-M:作为月份比较:"JAN"<"FEB"<? <"DEC"。

(8)-r:按逆序输出排序结果。

(9)+pos1-pos2:指定一个或几个字段作为排序关键字,字段位置从 pos1 开始,到 pos2 为止(包括 pos1,不包括 pos2)。如不指定 pos2,则关键字为从 pos1 到行尾。字段和字符的位置从 0 开始。

(10)-b:在每行中寻找排序关键字时忽略前导的空白(空格和制表符)。

(11)-tseparator:指定字符 separator 作为字段分隔符。

下面给出几个使用该命令的例子。

//用 sort 命令对 text 文件中各行排序后输出其结果

〔root@localhost ～〕# cat text //查看 text 未排序前原文件内容

//text 原文件内容

vegetable soup

fresh fruit

lowfat milk

〔root@localhost ～〕# sort text //对该文件进行排序

//显示排序后的结果

freshfruit

freshvegetables

lowfatmilk

vegetablesoup

//用户可以保存排序后的文件内容,或把排序后的文件内容输出至打印机。下例中用户把排序后的文件内容保存到名为 result 的文件中

［root@localhost ～］# sort text＞result

//以第 2 个字段作为排序关键字对文件 example 的内容进行排序

［root@localhost ～］# sort ＋1-2 example

//对于 file1 和 file2 文件内容反向排序,结果放在 outfile 中,利用第 2 个字段的第一个字符作为排序关键字

［root@localhost ～］# sort -r -o outfile ＋1.0 -1.1 example

//sort 排序常用于在管道中与其他命令连用,组合完成比较复杂的功能,如利用管道将当前工作目录中的文件送给 sort 进行排序,排序关键字是第 6 个至第 8 个字段

［root@localhost ～］# ls -l｜sort ＋5 -7

sort 命令也可以对标准输入进行操作。例如,如果想把几个文件文本行合并,并对合并后的文本行进行排序,可以首先用命令 cat 把多个文件合并,然后用管道操作把合并后的文本行输入给命令 sort,sort 命令将输出这些合并及排序后的文本行。在下面的例子中,文件 veglist 与文件 fruitlist 的文本行经过合并与排序后被保存到文件 clist 中。

［root@localhost root］# cat veglist fruitlist ｜ sort ＞ clist

2. uniq 命令

文件经过处理后在它的输出文件中可能会出现重复的行。例如,用 cat 命令将两个文件合并后,再使用 sort 命令进行排序,就可能出现重复行。这时可以用 uniq 命令将这些重复行从输出文件中删除,只留下每条记录的唯一样本。

uniq 命令的常用格式如下:

uniq ［option］filename

该命令含义如下:

(1)-d:只显示重复行。

(2)-u:只显示文件中不重复的行。

(3)-c:显示输出中,在每行行首加上本行在文件中出现的次数。它可取代-u 和-d 选项。

(4)-n:前 n 个字段与每个字段前的空白一起被忽略。一个字段是一个非空格、非制表符的字符串,彼此由制表符和空格隔开(字段从 0 开始编号)。

(5)＋n:前 n 个字符被忽略,之前的字符被跳过(字符从 0 开始编号)。

(6)-fn:与-n 相同,这里 n 是字段数。

(7)-sn:与＋n 相同,这里 n 是字符数。

下面是使用该命令的实例。

//显示文件 example 中不重复的行

［root@localhost ～］# uniq -u example

//显示文件 example 中不重复的行,从第 2 个字段的第 2 个字符开始做比较

［root@localhost ～］# uniq -u -1＋1 example

7.5.5 文件内容统计命令——wc

文件内容统计命令主要是指 wc 命令。该命令统计给定文件中的字节数、字数、行数。如果没有给出文件名，则从标准输入读取。wc 同时也给出所有指定文件的总统计数。字是由空格字符区分开的最大字符串。wc 命令的常用格式如下：

wc[option]filename

该命令各选项含义如下，它们可以结合使用。

(1)-c：统计字节数。

(2)-w：统计字数。

(3)-l：统计行数。

下面给出使用该命令的例子。

//统计文件 README 的行数、字节数和字数

[root@localhost ~]# we -lcw README

303 2265 14242 README

//对文件 README 和 README.freeswan 进行行数、字节数、字数的统计

[root@localhost ~]# we -lcw README README. freeswan

303 2265 14242 README

174 766 5585 README. freeswan

477 3031 19827 total

上面的选项顺序可以随意调换，而统计的结果形式相同。

7.5.6 文件比较命令——comm、diff

Linux 系统中可以使用 comm 和 diff 命令比较文件的异同，下面分别对这两个命令进行介绍。

1. comm 命令

该命令是对两个已经排好序的文件进行比较。其中 file1 和 file2 是已排序的文件（如果没有，可以使用上述的 sort 命令先进行排序）。comm 读取这两个文件，然后生成三列输出：仅在 file1 中出现的行；仅在 file2 中出现的行；在两个文件中都存在的行。如果文件名用"-"，则表示从标准输入读取。comm 命令的常用格式如下：

comm [option] filename

选项 1、2 或 3 控制相应的列显示与否。例如：comm-12 就只显示在两个文件中都存在的行；comm-23 只显示在第一个文件中出现而未在第二个文件中出现的行；comm-123 则什么也不显示。

2. diff 命令

该命令的功能为逐行比较两个文本文件，列出其不同之处。它对给出的文件进行系统的检查，并显示出两个文件中所有不同的行，不要求事先对文件进行排序。diff 命令的常用格式如下：

diff [option] file1 file2

diff [option] dir1 dir2

该命令运行后的输出通常由下述形式的行组成。

n1 a n3,n4

n1,n2 d n3

n1,n2 c n3,n4

以上说明如何将 file1 转变成 file2,从而给出了两个文本文件之间的差异。其中,字母(a、d 和 c)之前的行号(n1,n2)是针对 file1 的,其后面的行号(n3,n4)是针对 file2 的。字母 a、d 和 c 分别表示附加、删除和修改操作。

在上述形式的每一行的后面跟随受到影响的若干行,以"<"打头的行属于第一个文件,以">"打头的行属于第二个文件。

如果比较的对象都是目录,则 diff 会产生很多信息。如果一个目录中只有一个文件,则产生一条信息,指出该目录路径名和其中的文件名。diff 各选项的含义如下:

(1)-b:忽略行尾的空格,而字符串中的一个或多个空格符都视为相等。如"How are you"与"How   are   you"被视为相同的字符串。

(2)-c:采用上下文输出格式(提供三行上下文)。

(3)-C n:采用上下文输出格式(提供 n 行上下文)。

(4)-e:产生一个合法的 ed 脚本作为输出。

(5)-r:当 file1 和 file2 是目录时,递归作用到各个文件和目录上。

下面给出使用该命令的例子。

//使用 diff 比较得出两个文件的不同之处

[root@localhost ~]# diff app.c app1.c

上述结果表示把文件 app.c 的第 3 行"#include<stdlib.h>"删除,并修改 app.c 文件的第 5 行"int count=0;"和 app1.c 文件的第五行"int count;"、第 6 行"char+s="hello,world";"后,则两个文件相同。

7.5.7 文件的复制、移动和删除命令——cp、mv、rm

文件的复制、删除和移动操作在 Linux 系统中使用得非常频繁,下面对这些操作的命令进行详细介绍。

1. cp 命令

该命令的功能是将给出的文件或目录复制到另一文件或目录中,就如同 DOS 下的 copy 命令一样,功能非常强大。cp 命令的常用格式如下:

cp [option] [src_file|src_dir] [dst_file|dst_dir]

该命令的各选项含义如下:

(1)-a:该选项通常在复制目录时使用。它保留链接、文件属性,并递归地复制目录。

(2)-d:复制时保留链接。

(3)-f:删除已经存在的目标文件而不提示。

(4)-i:和 f 选项相反,在覆盖目标文件之前将给 m 提示要求用户确认。回答 y 时目标文件将被覆盖,是交互式复制。

（5）-p：此时 cp 除复制源文件的内容外，还将其修改时间和访问权限也复制到新文件中。

（6）-r：若给 m 的源文件是一个目录文件，此时 cp 将递归复制该目录下所有的子目录和文件。此时目标文件必须为一个目录名。

（7）-l：不做复制，只是链接文件。

下面举例说明该命令的使用方法。

//将文件 exam1.c 复制到/us r/wang 目录下，并改名为 shiyan1.c

［root@localhost ～］# cp exam1.c /usr/wang/shiyan1.c

//若不希望重新命名，可以使用下面的命令

［root@localhost ～］# cp exam1.c /usr/wang/

//将/usr/xu 目录中的所有文件及其子目录复制到目录/usr/liu 中

［root@localhost ～］# cp -r/usr/xu/ /usr/liu/

2. mv 命令

用户可以使用 mv 命令来为文件或目录改名或将文件由一个目录移入另一个目录中。该命令如同 DOS 下的 ren 和 move 的组合。mv 命令的常用格式如下：

mv ［option］［src_file|src_dir］［dst_file|dst_dir］

根据 mv 命令中第二个参数类型的不同（目标文件或目标目录），mv 命令将文件重命名或将其移至一个新的目录中。当第二个参数类型是文件时，mv 命令完成文件重命名；此时，源文件只能有一个（也可以是源目录名），它将所给的源文件或目录重命名为给定的目标文件名。当第二个参数是已存在的目录名称时，源文件或目录参数可以有多个，mv 命令将各参数指定的源文件均移至目标目录中。在跨文件系统移动文件时，mv 先复制，再将原有文件删除，而链至该文件的链接也将丢失。命令中各选项的含义如下：

（1）-i：交互方式操作。如果 mv 操作将导致对已存在的目标文件的覆盖，此时系统询问是否重写，要求用户回答 y 或 n，这样可以避免误覆盖文件。

（2）-f：禁止交互操作。在 mv 操作要覆盖某已有的目标文件时不给任何指示，指定此选项后，i 选项将不再起作用。如果所给目标文件（不是目录）已存在，此时该文件的内容将被新文件覆盖。

下面举例说明该命令的使用。

//将/usr/xu 中的所有文件移到当前目录 f 用"."表示

［root@localhost ～］# mv /usr/xu/ *

//将文件 wch.txt 重命名为 wjz.doc

［root@localhost ～］# mv wch.txt wjz.doc

3. rm 命令

对于无用文件，用户可以用 rm 命令将其删除。该命令的功能为删除一个目录中的一个或多个文件，它也可以将某个目录及其下的所有文件及子目录均删除，对于链接文件，只是删除了链接，原有文件均保持不变。rm 命令的常用格式如下：

rm ［option］［files|dirs］

该命令的各选项含义如下：

(1)-f：忽略不存在的文件，从不给出提示。

(2)-r：指示 rm 将参数中列出的全部目录和子目录均递归地删除，如果没有使用-r 选项，则 rm 不会删除目录。

(3)-i：进行交互式删除。

在下一个例子中，用户想要删除文件 test 和 example。系统会要求对每个文件进行确认。用户最终决定删除 example 文件，保留 test 文件。

［root@localhost ～］# rm -i test example

Remove test?　n

Remove example?　y

7.5.8　文件链接命令——ln

文件链接命令是指 ln 命令。该命令在文件之间创建链接。这种操作实际上是给系统中已有的某个文件指定另外一个可用于访问它的名称。对于这个新的文件名，可以为其指定不同的访问权限，以控制对信息的共享和安全性的问题。

如果链接指向目录，用户就可以利用该链接直接进入被链接的目录而不用使用较长的路径名。而且，即使删除这个链接，也不会破坏原来的目录。

链接有两种，一种称为硬链接（Hard Link）；另一种称为符号链接（Symbolic Link），也称为软链接。建立硬链接时，链接文件和被链接文件必须位于同一个文件系统中，并且不能建立指向目录的硬链接。而对符号链接，则不存在这个问题，默认情况下，ln 产生硬链接。

在硬链接的情况下，参数中的"目标"被链接至［链接名］。如果［链接名］是一个目录名，系统将在该目录之下建立一个或多个与"目标"名的链接文件，链接文件和被链接文件的内容完全相同。如果［链接名］为一个文件，用户将被告知该文件已存在且不进行链接。如果指定了多个"目标"参数，那么最后一个参数必须为目录。

如果给 ln 命令加-s 选项，则建立符号链接。如果［链接名］已经存在但不是目录，将不做链接。［链接名］可以是任何一个文件名（可包含路径），也可以是一个目录，并且允许其与"目标"不在同一个文件系统中。如果［链接名］是一个已经存在的目录，系统将在该目录下建立一个或多个与"目标"同名的文件，此新建的文件实际上是指向原"目标"的符号链接文件。

ln 命令的常用格式如下：

ln ［option］ file link

下面举例说明该命令的使用方法。

//用户为当前目录下的文件 lunch 创建一个符号链接/home/xu

［root@localhost ～］# ln -s lunch /home/xu

//使用建立的软链接查看文件，实际查看的是原文件 lunch 的内容

［root@localhost ～］# cat /home/xu

7.5.9 目录的创建与删除命令——mkdir、rmdir

下面介绍 Linux 系统中目录的创建以及删除命令的使用。

1. mkdir 命令

创建目录需要使用 mkdir 命令。mkdir 命令的常用格式如下：

mkdir［option］［dirname］

该命令创建名为 dirname 的目录。mkdir 命令要求创建目录的用户在当前目录（dirname 的父目录）中具有写权限，并且 dirname 不能是当前目录中已有的目录或文件名称。

命令中各选项的含义如下：

（1）-m：对新建目录设置存取权限，也可以用 chmod 命令设置。

（2）-p：可以是一个路径名称。此时若路径中的某些目录尚不存在，加上此选项后，系统将自动建立好这些尚不存在的目录，即一次可以建立多个目录。

例如，在当前目录中建立 inin 和 inin 下的 mail 目录，也就是连续建两个目录。指定权限为 700。命令如下：

［root@localhost ～］# mkdir -p -m 700 ./inin/mail/

该命令的执行结果是在当前目录中创建嵌套的目录层次 inin/mail，权限设置为只有文件所有者有读、写和执行权限。chmod 命令以及权限的设定会在后面讲解。

2. rmdir 命令

删除目录需要使用 rmdir 命令。rmdir 命令的常用格式如下：

rmdir［option］［dirname］

dirname 表示目录名。rmdir 命令可以从一个目录中删除一个或多个子目录项。需要注意的是，一个目录被删除之前必须是空的。和 mkdir 命令一样，删除某目录时也必须具有对父目录的写权限。

命令中各选项的含义如下：

-p：递归删除目录 dirname，当子目录删除后其父目录为空时，也一同被删除。如果整个路径被删除或者由于某种原因保留部分路径，则系统在标准输出上显示相应的信息。

例如，要将/usr/xu/txt 目录删除，命令如下：

［root@localhost ～］# rmdir -p/usr/xu/txt

7.5.10 改变工作目录、显示路径以及显示目录内容命令——cd、pwd、ls

Linux 系统分别使用 cd、pwd 以及 ls 命令来改变工作目录。显示路径以及显示目录的内容，下面对这些命令进行介绍。

1. cd 命令

cd 命令即英文词组 change directory 的缩写，作用是改变当前工作目录。cd 命令的常用格式如下：

cd［directory］

　　该命令将当前目录改变为 directory 所指定的目录。若没有指定 directory,则回到用户的主目录。为了改变到指定目录,用户必须拥有对指定目录的执行和读权限。该命令可以使用通配符。

　　假设用户当前目录是/root/working,若要更换到/usr/src 目录中,则可使用如下命令:

　　[root@localhost working]♯ cd /usr/src

2. pwd 命令

　　pwd 命令即英文词组 print working directory 的缩写,作用是显示当前工作目录的路径。该命令无参数和选项。在 Linux 层次目录结构中,用户可以在被授权的任意目录下用 mkdir 命令创建新目录,也可以用 cd 命令从一个目录转换到另一个目录。然而,没有提示符来告知用户目前处于哪一个目录中。要想知道当前所处的目录,可以用 pwd 命令,该命令显示整个路径名。

　　例如使用该命令显示当前工作路径,命令如下:

　　[root@localhost working]♯ pwd

　　/root/working

3. ls 命令

　　ls 是英文单词 list 的简写,其功能为列出目录的内容,这是用户最常用的命令之一,因为用户要不时地查看某个目录的内容。该命令类似于 DOS 下的 dir 命令。对于每个目录,该命令将列出其中所有的子目录与文件、对于每个文件,ls 将输出其文件名以及所要求的其他信息。默认情况下,输出条目按字母顺序排序。当未给出目录名或文件名时,就显示当前目录的信息。ls 命令的常用格式如下:

　　ls [option] [dirname | filename]

　　命令中部分常用选项的含义如下:

　　(1)-a:显示指定目录下所有的子目录与文件,包括隐藏文件。

　　(2)-A:显示指定目录下所有的子目录与文件,包括隐藏文件。但不列出“.”和“..”。

　　(3)-d:如果参数是目录,只显示其名称而不显示其下的各个文件,且往往与 l 选项一起使用,以得到目录的详细信息。

　　(4)-l:以长格式来显示文件的详细信息这个选项最常用,每行列出的信息依次是:文件类型与权限,链接数,文件属主,文件属组,文件大小,建立或最近修改的时间名字。

　　对于符号链接文件,显示的文件名之后有“-->”和引用文件路径名。

　　对于设备文件,其“文件大小”字段显示主、次设备号,而不是文件大小。目录中的总块数显示在长格式列表的开头,其中包含间接块。

　　(5)-L:若指定的名称为一个符号链接文件,则显示链接所指向的文件。

　　(6)-m:输出按字符流格式,文件跨页显示,以逗号分开。

　　(7)-n:输出格式与 l 选项相同,只不过在输出中文件属主和属组是用相应的 UID 号和 GID 号来表示,而不是实际的名称。

　　(8)-R:递归式地显示指定目录的各个子目录中的文件。

用 ls -l 命令显示的信息中,开头是由 10 个字符构成的字符串,其中第一个字符表示文件类型,它可以是下述类型之一:

(1)-:普通文件;

(2)d:目录;

(3)l:符号链接;

(4)b:块设备文件;

(5)c:字符设备文件。

后面的 9 个字符表示文件的访问权限,分为 3 组,每组 3 位。第一组表示文件属主的权限,第二组表示同组用户的权限,第三组表示其他用户的权限。每一组的三个字符分别表示对文件的读、写和执行权限。权限说明见表 7-1。

表 7-1　　　　　　　　　　　　权限说明

字　符	文件权限	目录权限
r	可读取	可读取
w	可写入	可写入
x	可执行	可枚举条件
s	当文件被执行时,把该文件的 UID 或 GID 赋予执行进程的 UID(用户 ID)或 GID(组 ID)	当文件被执行时,把该文件的 UID 或 GIU 赋予执行进程的 UID(用户 ID)或 GID(组 ID)
t	设置标志位(留在内存,不被换出)。如果该文件是目录,在该目录中的文件只能被超级用户、目录拥有者或文件属主删除。如果是可执行文件,在该文件执行后,指向其正文段的指针仍留在内存。这样再次执行它时,系统就能更快地装入该文件	设置标志位(留在内存,不被换出)。如果该文件是目录,在该目录中的文件只能被超级用户、目录拥有者或文件属主删除。如果是可执行文件,在该文件执行后,指向其正文段的指针仍留在内存。这样再次执行它时,系统就能更快地装入该文件
-	没有设置权限	没有设置权限

下面给出使用 ls 命令的实例。

//列出当前目录的内容

[root@localhost src]# ls -A

freeswan-2.05 linux-2.4.1B linux-2.5.22 redhat

linux-2.4 linux-2.4 .7-10 modules

//列出某个目录的内容

[root@localhost ~]# ls -A /home/user1

bash_history .ba. shre .kde test. e

appl. e . bash_logout . emacs libpcapl . screenre

app. e . bash_profile . gtkre libpcap. tar. gz test1. c

//用长格式列出某个目录下所有的文件,包括隐藏文件和它们的 i 节点号,并把文件属主和属组以 UID 号和 GID 号的形式显示

[root@localhost root] # ls -lain/h. me/patterson

total 220

7.6　文件/目录访问权限管理

　　Linux 系统中的每个文件和目录都有访问许可权限。通过其确定何种用户、用户组可以通过何种方式对文件和目录进行访问和操作。本节将对文件/目录访问的方法和命令进行介绍。

7.6.1　文件／目录访问权限简介

　　文件/目录访问权限分为只读、只写和可执行三种。以文件为例,只读权限表示只允许读其内容,而禁止对其做任何的更改操作;只写权限允许对文件进行任何的修改操作;可执行权限表示允许将该文件作为一个程序执行。通常,文件被创建时,文件所有者自动拥有对该文件的读、写权限,以便于对文件的阅读和修改。用户也可根据需要把访问权限设置为需要的任何组合。

　　有三种不同类型的用户可对文件/目录进行访问:文件所有者、同组用户、其他用户。所有者一般是文件的创建者。它可以允许同组用户有权访问文件,还可以将文件的访问权限赋予系统中的其他用户。在这种情况下,系统中的每一位用户都能访问该用户拥有的文件或目录。

　　每一个文件或目录的访问权限都有三组,每组用三位表示,分别为文件属主的读、写和执行权限;与属主同组的用户的读、写和执行权限;系统中其他用户的读、写和执行权限。当用 ls -l 命令显示文件或目录的详细信息时,最左边的一列为文件的访问权限。例如:

　　［root@localhost root］＃ls -l sobsrc. tgz

　　-rw-r-r- I root root 483997 Jul 15 17:31 sobsrc. tgz

　　横线代表空许可(表示不具有该权限)。r 代表只读,w 代表写,x 代表可执行。

　　上述例子表示文件 sobsrc. tgz 的访问权限,说明 sobsrc. tgz 是一个普通文件;sobsrc. tgz 的属主有读写权限;与 sobsrc. tgz 属主同组的用户只有读权限;其他用户也只有读权限。确定了一个文件的访问权限后,用户可以利用 Linux 系统提供的 chmod 命令来重新设定不同的访问权限。也可以利用 chown 命令来更改某个文件或目录的所有者。

7.6.2　改变文件／目录的访问权限——chmod 命令

　　chmod 命令用于改变文件或目录的访问权限,它是一条非常重要的系统命令。用户可用其控制文件或目录的访问权限。该命令有两种用法。一种是包含字母和操作符表达式的文字设定法;另一种是包含数字的数字设定法。

1. 文字设定法

文字设定法的一般使用形式如下:

chmod［who］［＋|-|＝］［mode］filename

其中,操作对象 who 可以是下述字母中的任一个或者为各字母的组合。

（1）u 表示"用户（user）"，即文件或目录的所有者。

（2）g 表示"同组（group）用户"，即与文件属主有相同组 ID 的所有用户。

（3）0 表示"其他（others）用户"。

（4）a 表示"所有（all）用户"其为系统默认值。

允许的操作符号如下：

（1）+ 添加某个权限。

（2）- 取消某个权限。

（3）：赋予给定权限并取消其他所有权限（如果有的话）。

设置 mode 所表示的权限可用下述字母的任意组合。

（1）r：可读。

（2）w：可写。

（3）x：可执行。只有目标文件对某些用户是可执行的或该目标文件是目录时才追加 x 属性。

（4）s：在文件执行时把进程的属主或组 ID 置为该文件的文件属主。方式"u+s"设置文件的用户 ID 位，"g+s"设置组 ID 位。

（5）t：将程序的文本保存到交换设备上。

（6）u：与文件属主拥有一样的权限。

（7）g：与和文件属主同组的用户拥有一样的权限。

（8）o：与其他用户拥有一样的权限。

下面给出使用该设定法的例子。

//设定文件 sort 的属性如下

//文件属主（u）增加执行权限

//与文件属主同组用户（g）增加执行权限

//其他用户（o）增加执行权限

［root@localhost ～］# chmod a+x sort

//设定文件 text 的属性如下

//文件属主（u）增加写权限

//与文件属主同组用户（g）增加写权限

//其他用户（o）删除执行权限

［root@localhost ～］# chmod ug+w, o-x text

//对可执行文件 sniffer 添加 s 权限

//使得执行该文件的用户暂时具有该文件拥有者的权限

［root@localhost ～］# chmod u+s sniffer

//以下命令都是将文件 readme. txt 的执行权限删除

［root@localhost root］# chmod a-x readme. txt

［root@localhost root］# chmod -x readme. txt

2. 数字设定法

数字设定法是与文字设定法功能等价的设定方法，只不过比文字设定法更加简洁。数字设定法用 3 个二进制位来表示文件权限。第一位表示 r 权限（可读），第二位表示 w

权限(可写),第三位表示 x 权限(对于文件而言为可执行,对于文件夹而言为可枚举)。设定好后将其换算为十进制数即可。

当然,也可以直接用十进制数计算。0 表示没有权限,1 表示 x 权限,2 表示 w 权限,4 表示 f 权限,然后将其相加。所以数字属性的格式应为 3 个从 0 到 7 的八进制数,其顺序是(u)、(g)、(o)。其他的与文字设定法基本一致。

如果想让某个文件的属主有"读/写"二种权限,需要 4(可读)+2(可写)=6(读,写)。数字设定法的一般使用形式如下:

chmod [mode] filename

下面给出使用该数字设定法的例子。

//设定文件 mm.txt 的属性如下

//文件属主(u)拥有读、写权限

//与文件属主同组人用户(g)拥有读权限

//其他人(o)拥有读权限

[root@localhost root]# chmod 644 mm.txt

//设定 fib.e 这个文件的属性为:文件主本人(u)具有可读/可写/可执行权限;与文件主同组人/(g)可读/可执行权;其他人(o)没有任何权限。

[root@localhost root]# chmod 750 fib.c

//使用 ls 查看执行结果

[root@localhost ~]# ls -l

-rwxr-x---1 inin users 44137 Oct 12 9:18 fib.e

7.6.3 更改文件/目录的默认权限——umask 命令

登录系统之后,创建文件或文件夹有一个默认权限的,umask 命令则用于显示和设置用户创建文件的默认权限。当使用不带参数的 umask 命令时,系统会输出当前 umask 的值。代码如下所示:

[root@localhost root]# umask

0022

通常文件权限只会用到后 3 位,即 022。值得一提的是 umask 命令与 chmod 命令设定刚好相反,umask 设置的是权限"补码"。而 chmod 设置的是文件权限码。对于文件而言,系统不允许创建之初就对其赋予可执行权限,因此文件权限的最高设定值为 6,目录为 7。将最高可选值减去 umask 中的值即得到默认文件创建权限。因此当 umask 为 022 时,默认创建文件的权限为 644,而默认创建目录的权限为 755。

若使用参数,则可用 chmod 命令的数字设定法类似的手段。umask 参数使用方法如下,n 为 0~7 的整数。

umask nnn

7.6.4 更改文件/目录的所有权——chown 命令

chown 命令用来更改某个文件或目录的属主和属组。举个例子,root 用户把自己的一个文件复制给用户 xu,为了让用户 xu 能够存取这个文件,root 用户应该把这个文件的

属主设为 xu,否则,用户 xu 无法存取这个文件。chown 命令的常用格式如下:

chown [option] [user | group] filename

该命令的选项如下:

(1)-R:递归地改变指定目录及其下面的所有子目录和文件的拥有者。

(2)-v:显示 chown 命令所做的工作。

下面给出使用该命令的例子。

//把文件 shiyan. c 的所有者改为 wang

♯ chown wang shiyan. c

//把目录/his 及其下面的所有文件和子目录的属主改成 wang,属组改成 users

♯ chown -R wang. users /his

7.7　文件/目录的打包和压缩

Linux 下的压缩程序很多,这里只介绍最常用的几种。

7.7.1　文件压缩——gzip 压缩

gzip 压缩利用 Lempel-Ziv(L277)算法,与之相关的命令有:gzip(压缩),gunzip(解压缩)和 zcat(解压并输出到标准输出设备)。gzip、gunzip 和 zcat 命令的常用格式如下:

gzip [-acdfhlLnNqrtvV] [-level] [-S suffix] [file]

gunzip [-acdfhlLnNqrtvV] [-S suffix] [file]

zcat [-fhlV] [file]

其中参数含义如下:

(1)-a 或-ascii:使用 ASCII 文字模式。

(2)-c 或-stdout 或--to-stdout:把压缩后的文件输出到标准输出设备,不去更改原始文件。

(3)-d 或--decompress 或----uncompress:解压缩文件。

(4)-f 或--force:强行压缩文件。不理会文件名称或硬连接是否存在以及该文件是否为符号连接。

(5)-h 或--help:在线帮助。

(6)-l 或--list:列出压缩文件的相关信息。

(7)-L 或--license:显示版本与版权信息。

(8)-n 或--no-name:压缩文件时,不保存原来的文件名称及时间戳记。

(9)-N 或--name:压缩文件时,保存原来的文件名称及时间戳记。

(10)-q 或-quiet:不显示警告信息。

(11)-r 或--recursive:递归处理,将指定目录下的所有文件及子目录一并处理。

(12)-S 或-suffix<suffix>:更改压缩字尾字符串。

(13)-t 或-test:测试压缩文件是否正确无误。

(14)-v 或--verbose:显示指令执行过程。

(15)-V 或--version：显示版本信息。

(16)-level：压缩效率是一个介于 1～9 的数值，预设值为 6，指定越大的数值，压缩效率就会越高，但压缩速度越慢，解压缩速度不受影响。

(17)--best：此参数的效果和指定-9 参数相同。

(18)--fast：此参数的效果和指定"1"参数相同。

使用 gzip 时需要注意以下几点：

(1)默认 gzip 压缩的文件会以.gz 结尾，同时删除原始文件。

(2)若不希望使用.gz 后缀，则需用-S 覆盖。

(3)gunzip.c 和 zcat 功能相同。

使用 gzip、gunzip 和 zcat 的示例如下：

```
//压缩 hello
//压缩后，文件以 gz 结尾，原始文件已删除
[root@localhost compress] gzip hello. c
[root@localhost compress]♯ls
hello. c. gz
[root@localhost compress]♯gzip hello. c. gz
gzip:Input file hello. c. gz already has . gz suffix.
//解压缩 hello. c. gz 并输出到 std,zcat 不会删除原始文件
[root@localhost compress]♯ zcat hello. c. gz
♯include <stdio. h>
main()
{
    printf("Hello World\n")j
}
[root@localhost compress]♯ls
hello. c. gz
//压缩 hello. c. gz 并输出到 std,删除原始文件
[root@localhost compress]♯gunzip hello. c. gz
[root@localhost compress]♯ls
hello. c
```

7.7.2　文件压缩——bzip2 压缩

bzip2 压缩利用 Burrows-Wheeler block sorting 和 Huffman 编码算法，与之相关的命令有 bzip2（压缩），bunzip2（解压缩），bzcat（解压并输出到标准输出设备）和 bz2recover（从损坏的 bzip2 文件中恢复数据）。bzip2、bunzip2、bzcat 和 bz2recover 命令的常用格式如下：

bzip2 [-cdfhkLstvVz] [--repetitive-best] [--repetitive-fast][-level] [file]

bunzip2 [-fkLsvV] [file]

bzcat t-sl [file]

bz2recover [file]

其中参数含义如下：

(1)-c 或--stdout：将压缩与解压缩的结果送到标准输出。

(2)-d 或--decompress：执行解压缩。

(3)-f 或--force：bzip2 在压缩或解压缩时，若输出文件与现有文件同名，预设不会覆盖现有文件。若要覆盖，请使用此参数。

(4)-h 或--help：显示帮助。

(5)-k 或--keep：bzip2 在压缩或解压缩后，会删除原始的文件。若要保留原始文件，请使用此参数。

(6)-s 或-small：降低程序执行时内存的使用量。

(7)-t 或--test：测试.bz2 压缩文件的完整性。

(8)-v 或--verbose：压缩或解压缩文件时，显示详细的信息。

(9)-z 或--compress：强制执行压缩。

(10)-L 或--license：显示版本及授权等。

(11)-V 或--version：显示版本信息。

(12)--repetitive-best：若文件中有重复出现的资料时，可利用此参数提高压缩效果。

(13)--repetitive-fast：若文件中有重复出现的资料时，可利用此参数加快执行速度。

(14)-level：压缩时的区块大小。

bzip2 压缩的命令和 gzip 非常类似，不过 bzip2 通常都比基于 L277 算法的工具压缩率更高。默认 bzip2 压缩的文件会以.bz2 结尾，同时删除原始文件。但和 gzip 相比，bzip2 可以通过添加-k 参数保留原始文件。bunzip2-c 和 bzcat 功能相同。

使用 bzip2、bunzip2 和 bzcat 的示例如下：

```
//压缩 hello.c
//压缩后，文件以 bz2 结尾，原始文件已删除
[root@localhost compress]＃bzip2 hello-c
//解压缩 hello.c.bz2 并输出到 std,bzcat 不会删除原始文件
[root@localhost compress]＃bzcat hello.c.bz2
＃include ＜stdio.h＞
main()
{
    printf("Hello World/n");
}
[root@localhost compress]＃ls
hello.c.bz2
//使用-k 参数的 bunzip2 不删除原始文件 hello.c.bz2
[root@localhost compress]＃ bunzip2 -k hello.c.bz2
[root@localhost compress]＃ls
hello.c hello.bz2
```

7.7.3 文件归档——tar 命令

tar 是一个归档程序，就是说 tar 可以把许多文件打包成为一个归档文件或者把它们写入备份设备，例如一个磁盘驱动器。因此，通常 Linux 下保存文件都是先用 tar 命令将目录或者文件打成 tar 归档文件（也称为 tar 包），然后 gzip 或 bzip2 压缩。正因为如此，Linux 下已压缩文件的常见后缀有 tar.gz、tar.bz2，以及 tgz 和 tbz 等。tar 命令参数相当丰富，此处只介绍最重要的参数和用法。

（1）-c 或--create：创建新的备份。

（2）-f 或-file backup：指定备份文件名。

（3）-x 或--extract 或-get：从备份文件中还原文件。

（4）-t 或--list：列出备份文件的内容。

（5）-v 或--verbose：显示指令执行过程。

（6）-z 或--gzip 或-gunzip：通过 gzip 指令处理备份文件。

（7）-j 或-I 或-bzip：通过 bzip2 指令处理备份文件。

（8）-C 或-directory dir：切换到指定的目录 dir。

具体使用中，需要这些参数相互组合。

1. 创建 tar 包

创建归档可以使用-cf 参数，如果需要显示日志，可以使用-cvf 参数。例如，将/etc 目录归档为当前目录下 etc.tar 文件的命令如下：

［root@localhost compress］♯ tar -cf etc.tar /etc

2. 查看 tar 包内容

查看归档可以使用-tf 参数。例如查看 etc.tar 文件命令的如下（此处用 more 对结果进行了分页）：

［root@localhost compress］♯ tar -tf etc.tar | more

3. 还原 tar 包

还原归档可以使用-xf 参数，如果需要显示日志，可以使用-xvf 参数。例如，将 etc.tar 解包，命令示例如下：

［root@localhost compress］♯ tar -xf etc.tar

4. 直接在 tar 包中使用压缩选项

打好的 tar 包可以交由 gzip 或 bzip2 进行压缩。另外也可以直接在 tar 命令中调用这些压缩功能，加入相应参数即可。例如，将 hello.c 和 hello.c.bz2 打包后用 gzip 压缩并输出为 hello.tar.gz，显示执行过程，可以使用-czvf 参数。命令与输出如下所示：

［root@localhost compress］♯ tar -czvf hello.tar.gz hello.c hello.c.bz2

hello.c

hello.c.bz2

显示 hello.tar.gz 中内容可用-tzf 参数。命令与输出如下所示：

［root@localhost compress］♯ tar -tzf hello.tar.gz

hello.c

hello.c.bz2

直接解包 hello. tar. gz 并显示执行过程,可使用-xzvf 参数。这里因为当前目录下已有 hello. c 和 hello. c. bz2 文件,所以创建一个新的 hello. bak 目录,并用-C 参数将 hello. tar. gz 中的内容解包过去。命令与输出如下所示:

［root@localhost compress］♯ mkdir hello. bak

//通过-C hello_ bak 解包文件到 hello. bak 目录

［root@localhost compress］♯ tar -xzvf hello. tar. gz -C hello. bak

hello. c

hello. c. bz2

［root@localhost compress］♯ ls hello. bak

hello. c hello. c. bz2

以上是 tar 最基本的用法,详细的参数列表请使用 man 命令参考帮助文档。

7.7.4 zip 压缩

zip 格式(PKZIP)在多种平台(UNIX、Linux、Machintosh,以及 Windows)下都有很广泛的应用。Linux 对 zip 格式的文件也有很好的支持。与 zip 相关的命令相当多,主要有 zip、unzip 等。zip 命令的格式如下:

zip ［-AcdDfFghjjKILmoqrSTuvVwXyz $ ］［-b tmp _ dir］［-ll］［-n suffix］［-t datetime］［zipfile］［files_to_zipped］［-i include_pattern］［-x exclude_pattern］

其中,zipfile 为输出的 zip 文件,而 files_tozipped 为需要被压缩的文件。通过 include_pattern 可以指定被包含进 zip 压缩包的文件名样式,而-x exclude_pattern 可以指定排除在 zip 压缩包外的文件名样式,其参数说明如下所示:

(1)-A:调整可执行的自动解压缩文件。

(2)-btmp_dir:指定暂时存放文件的目录。

(3)-c:替每个被压缩的文件加上注释。

(4)-d:从压缩文件内删除指定的文件。

(5)-D:压缩文件内不建立目录名称。

(6)-f:此参数的效果和指定"-u"参数类似,如果某些文件原本不存在于压缩文件内,使用本参数会一并将其加入压缩文件中。

(7)-F:尝试修复已损坏的压缩文件。

(8)-g:将文件压缩后附加在既有的压缩文件之后,而非另行建立新的压缩文件。

(9)-h:在线帮助。

(10)-j:只保存文件名称及其内容,而不存放任何目录名称。

(11)-J:删除压缩文件前面不必要的数据。

(12)-k:使用 MS-DOS 兼容格式的文件名称。

(13)-l:压缩文件时,把 LF 字符置换成 LF＋CR 字符,即 DOS 和 Windows 下的文本格式。

(14)-ll:压缩文件时,把 LF＋CR 字符置换成 LF 字符,即 UNIX 及类 UNIX 下的文本格式。

（15）-L：显示版权信息。

（16）-m：将文件压缩并加入压缩文件后，删除原始文件，即把文件移到压缩文件中。

（17）-nsuffix：不压缩具有特定字尾字符串的文件。

（18）-o：以压缩文件内拥有最新更改时间的文件为准，将压缩文件的更改时间设成和该文件相同。

（19）-q：不显示指令执行过程。

（20）-r：递归处理。将指定目录下的所有文件和子目录一并处理。

（21）-S：包含系统和隐藏文件。

（22）-t datetime：把压缩文件的日期设成指定的日期。

（23）-T：检查备份文件内的每个文件是否正确无误。

（24）-u：更换较新的文件到压缩文件内。

（25）-v：显示指令执行过程或显示版本信息。

（26）-V：保存 VMS 操作系统的文件属性。

（27）-w：在文件名称里加入版本编号，本参数仅在 VMS 操作系统下有效。

（28）-X：不保存额外的文件属性。

（29）-y：直接保存符号连接，而非该连接所指向的文件，本参数仅在 UNIX 之类的系统下有效。

（30）-z：替压缩文件加上注释。

（31）-＄：保存第一个被压缩文件所在磁盘的卷册名称。

（32）-level：压缩效率是一个介于 1～9 的数值。

这里只给出 zip 的一个简单的例子。本例的目标为压缩当前目录下的 etc. tar 包和 hello. bak 目录及其下所有文件，命令如下：

zip -r compress. zip etc. tar hello. bak

7.7.5　unzip 解压缩

zip 文件可用 unzip 解压缩，unzip 命令的格式如下：

unzip［-cflptuvz］［-agCjLMnoqsVX］［zipfile］［files］［-d dir］［-x file］

其中，zipfile 为 zip 压缩包，files 为需要解压缩的文件，而通过-x 参数可以指定无须解压的文件。另外，还可以通过-d dir 指定解压的目录。其他参数的列表如下：

（1）-c：将解压缩的结果显示到屏幕上。

（2）-f：更新现有的文件。

（3）-l：显示压缩文件内所包含的文件。

（4）-p：与-c 参数类似，会将解压缩的结果显示到屏幕上。

（5）-t：检查压缩文件是否正确。

（6）-u：与-f 参数类似，但是除了更新现有的文件外，也添加新文件。

（7）-V：执行时显示详细的信息。

（8）-z：仅显示压缩文件的备注文字。

（9）-a：对文本文件进行必要的字符转换。

(10)-b：不要对文本文件进行字符转换。

(11)-C：压缩文件中的文件名称区分大小写。

(12)-j：不处理压缩文件中原有的目录路径。

(13)-L：将压缩文件中的全部文件名改为小写。

(14)-M：将输出结果送到 more 程序处理。

(15)-n：解压缩时不要覆盖原有的文件。

(16)-o：不必先询问用户，unzip 执行后覆盖原有文件。

(17)-q：执行时不显示任何信息。

(18)-s：将文件名中的空白字符转换为底线字符。

(19)-V：保留 VMS 的文件版本信息。

(20)-X：解压缩时同时回存文件原来的 UID/GID。

除了以上这些外，还可通过-z 参数查看压缩包内容。例如，查看 compress.zip 的信息，命令如下：

〔root@localhost compress 〕 ♯ unzip -Z compress.zip

解压缩主要使用方法很简单，例如，将 compress.zip 中除 etc.tar 外的内容解压缩，命令如下：

〔root@localhost compress〕 ♯ unzip compress.zip -d /tmp -x etc.tar

7.7.6　其他归档压缩工具

除了以上这些工具外，Linux 中还可以使用的工具有：UNIX 下的压缩工具 compress/uncompress(后缀.z)，从 lharc 演变而来的压缩程序 lha(后缀.lzh)，以及解压 ARJ 的 unarj 与解压 RAR 的 unrar 等。有备份归档的程序还有：dunlp、cpio 等。除了命令行下的工具外，Linux 也有图形化的压缩/解压缩工具，如 GNOME 下的文件打包器 File Roller 和 KDE 下的 archiver 等。

小　结

　　本章介绍了 Linux 目录与文件的基本知识以及文件管理的基本命令，最后介绍了文件压缩、归档的常见命令和用法。

实　验　二　文件和目录管理

1.查看当前的路径。

2.查看当前目录下面的所有文件(包括隐藏文件)。

3.查看根目录中的目录结构。

4. 在当前目录下建立一个子目录 tmp,并查看该目录的权限设置。

5. 为 tmp 目录在根目录下建立一个快捷方式。

6. 进入 tmp 目录。

7. 复制/etc/mail/sendmail. cf 文件到当前目录下。

8. 将上一步中复制到当前目录的 sendmail. cf 文件,更改文件名为 test. file。

9. 在该文件最尾处加上一句话:"This? is a editing? test. "。

10. 在根目录下查找 test. file 文件和 tmp 目录。

11. 在 test. file 文件在根目录下建立一个快捷方式。

12. 删除文件 test. file。

13. 回到上层目录,将当前目录下的 tmp 目录复制到/tmp 中,并重命名为 test 目录。

14. 删除当前目录下的 tmp 目录。

练 习

1. 显示当前目录的命令为(   )。

A. show   B. history   C. tail   D. pwd

2. 将 ls 命令生成的/tmp 目录的一个清单存到当前目录中的 dir 文件中,下面命令正确的为(   )。

A. ls /tmp＞dir   B. ls /etc/tmp ＞dir   C. ls -a/tmp＞dir   D. ls -l/tmp＞dir

3. 在 Linux 中,rm ash 表示(   )。

A. 复制一个名为 ash 的文件   B. 删除一个名为 ash 的目录

C. 删除一个名为 ash 的文件   D. 移动一个名为 ash 的文件

4. 下面不能用来显示文本文件内容的为(   )。

A. more   B. less   C. cat   D. grep

5. 显示全部网络接口信息的命令是(   )。

A. stat   B. ping   C. ifConfig   D. netstat

6. 查看登录用户历史记录的命令是(   )。

A. tac   B. tail   C. rear   D. last

7. 多数日志文件被存放在(   )目录中。

A. /var/log   B. /var/cache   C. /var/opt   D. var/nis

8. 多数日志文件被(   )进程控制。

A. sbin   B. mingetty   C. syslogd   D. find

9. Linux 下创建目录可用命令(   )。

A. mv   B. del   C. rm   D. mkdir

10. 常用的备份工具中(   )能直接实现备份级别。

A. tar   B. dump   C. cpio   D. afio

11. 在 chmod 命令中,-v 参数的作用是(   )。

A. 详细说明组的变化

B. 详细说明权限的变化

C. 改变本目录及其所有子目录的文件的权限

D. 在文件的权限确实改变时进行详细的说明

12. 为了显示文件"-test"的内容可以用命令(　　)。

A. cat -test　　　　　B. cat "-test"　　　　　C. cat /-test　　　　D. cat ＄-test

13. compress 可以用来压缩或展开文件,为了强制替代原来的文件可以指定参数(　　)。

A. -v　　　　　　　B. -V　　　　　　　　C. -f　　　　　　　D. -V

14. 系统管理常用的二进制文件,一般放置在(　　)目录下。

A. /sbin　　　　　B. /root　　　　　　C. /usr/sbin　　　　D. /boot

15. 使用 ＄ cd ～命令后,我们会进入(　　)目录。

A. 用户的根目录　　B. /　　　　　　　C. ～　　　　　　　D. /tmp

16. 在使用 edquota 配置组用户磁盘定额内容时,我们需要加上(　　)参数。

A. -u　　　　　　　B. -t　　　　　　　C. -a　　　　　　　D. -g

17. 一个文件名字为 rr. Z,可以用来解压缩的命令是(　　)。

A. tar　　　　　　　B. gzip　　　　　　C. compress　　　　D. uncompress

18. 删除文件命令为(　　)。

A. mkdir　　　　　B. rmdir　　　　　　C. mv　　　　　　　D. rm

19. 改变文件所有者的命令为(　　)。

A. chmod　　　　　B. touch　　　　　　C. chown　　　　　D. cat

20. ls -a 命令的作用是(　　)。

A. 显示所有配置文件　　　　　　　　　B. 显示所有文件,包含以.开头的文件

C. 显示以.开头的文件　　　　　　　　　D. 显示以 a 开头的文件

第 8 章

用户与用户组管理

多用户多任务

Linux 是一个多用户、多任务的操作系统,多用户是指多个用户可以在同一时间使用计算机系统,多任务是指 Linux 可以同时执行几个任务,它可以在还未执行完一个任务时又执行另一项任务。

1. Linux 单用户、多任务

单用户多任务是指一个用户能够同时做多个任务,例如:以 user 用户登录系统,进入系统后,打开 gedit 来写文档,打开 xmms 来点音乐、打开 QQ。用 user 用户登录时,执行了 gedit、xmms 以及 QQ 等,当然还有输入法 fcitx 等任务。其他的人还能以远程登录过来,也能做其他的工作。

2. Linux 多用户、多任务

举个例子,比如 LinuxSir. Org 服务器,上面有 FTP 用户、系统管理员、Web 用户、常规普通用户等,在同一时刻,可能有的用户正在访问论坛;有的可能在上传软件包管理子站,比如 luma 或 Yuking 用户在管理他们的主页系统和 FTP;与此同时,可能还会有系统管理员在维护系统;浏览主页的是 nobody 用户,大家都用同一个,而上传软件包用的是 FTP 用户;管理员对系统的维护或查看,可能用的是普通帐号或超级权限 root 帐号;不同用户所具有的权限也不同,要完成不同的任务需要不同的用户,也可以说不同的用户,可能完成的工作也不一样。

值得注意的是:多用户多任务并不是大家同时挤在一台机器的键盘和显示器前来操作机器,多用户可能通过远程登录来进行,比如对服务器的远程控制,只要有用户权限任何人都是可以上去操作或访问的。

3. 用户的角色区分

用户在系统中是分角色进行管理,通常分为 root 用户、虚拟用户、普通用户。

root 用户:系统唯一且是真实的,可以登录系统,可以操作系统任何文件和命令,拥有最高权限。

虚拟用户:这类用户也被称之为伪用户或假用户,与真实用户区分开来,这类用户不具有登录系统的能力,但却是系统运行不可缺少的用户,比如 bin、daemon、adm、ftp、mail等;这类用户都系统自身拥有的,而非后来添加的,当然我们也可以添加虚拟用户。

普通用户:这类用户能登录系统,但只能操作自己所属目录的内容;权限有限;这类用户都是系统管理员自行添加的。

在 Linux 系统中,由于角色不同,权限和所完成的任务也不同;值得注意的是用户的角色是通过 UID 来识别的;在系统管理中,系统管理员一定要保证 UID 的唯一性。

4. 多用户操作系统的安全

多用户系统从事实来说对系统管理更为方便。从安全角度来说,多用户管理的系统更为安全,比如 user 用户下的某个文件不想让其他用户看到,只是设置一下文件的权限,只有 user 一个用户可读可写可编辑就行了,这样一来只有 user 一个用户可以对其私有文件进行操作。

Linux 在多用户下表现最佳,Linux 能很好地保护每个用户的安全,但我们也得学会,Linux 才是安全的系统,如果没有安全意识的管理员或管理技术,这样的系统也不是安全的。

从服务器角度来说,多用户下的系统安全性也是最为重要的。我们常用的 Windows 操作系统,它在系统权限管理方面的能力一般,根本没有办法和 Linux 或 UNIX 类系统相比,因此大多数服务器系统都采用 Linux 或 UNIX 系统。

8.2 用户和用户组

用户组(group)就是具有相同特征的用户(user)的集合体。比如有时我们要让多个用户具有相同的权限,比如查看、修改某一文件或执行某个命令,这时我们需要用户组,我们把用户都定义到同一用户组,我们通过修改文件或目录的权限,让用户组具有一定的操作权限,这样用户组下的用户对该文件或目录都具有相同的权限,这是我们通过定义组和修改文件的权限来实现的。

举例:我们为了让一些用户有权限查看某一文档,比如是一个时间表,而编写时间表的人要具有读写执行的权限,我们想让一些用户知道这个时间表的内容,而不让他们修改,所以我们可以把这些用户都划到一个组,然后来修改这个文件的权限,让用户组可读,这样用户组下面的每个用户都是可读的。

用户和用户组的对应关系是:一对一、多对一、一对多或多对多。

一对一:某个用户可以是某个组的唯一成员。

多对一:多个用户可以是某个唯一的组的成员,不归属其他用户组;比如 beinan 和 linuxsir 两个用户只归属于 beinan 用户组。

一对多:某个用户可以是多个用户组的成员;比如 beinan 可以是 root 组成员,也可以是 linuxsir 用户组成员，还可以是 adm 用户组成员。

多对多：多个用户对应多个用户组，并且几个用户可以是归属相同的组；其实多对多的关系是前面三条的扩展；理解了上面的三条，这条也能理解。

8.3　用户和组文件

Linux 操作系统采用了 UNIX 系统的方法，把全部用户信息保存为普通的文本文件，下面对这些文件进行介绍。

8.3.1　用户帐号文件——passwd

/etc/passwd 是系统识别用户的一个文件，做个不恰当的比喻，/etc/passwd 是一个花名册，系统所有的用户都在这里有登录记载；当以 user 这个帐号登录时，系统首先会查阅/etc/passwd 文件，看是否有 user 这个帐号，然后确定 user 的 UID，通过 UID 来确认用户和身份，如果存在则读取/etc/shadow 影子文件中所对应的 user 的密码；如果密码核实无误则登录系统，读取用户的配置文件。

在/etc/passwd 中，每一行都表示的是一个用户的信息；一行有 7 个段位；每个段位用“:”号分割，格式如下所示：

username:password:uid:gid:userinfo:home:shell

第一字段：用户名（也被称为登录名），在图 8-1 中，用户名是 user；

第二字段：口令；在例子中看到的是一个 x，其实密码已被映射到/etc/shadow 文件中；

第三字段：UID；请参看本文的 UID 的解说；

第四字段：GID；请参看本文的 GID 的解说；

第五字段：用户名全称，这是可选的，可以不设置；

第六字段：用户的 home 目录所在位置，user 这个用户是/home/user；

第七字段：用户所用 Shell 的类型，user 用的是 bash，所以设置为/bin/bash。

下面是一个系统中 passwd 文件中的内容，如图 8-1 所示。

对于第一行 root 用户的基本信息如下所示：

（1）登录名：root；

（2）加密的口令表示：x；

（3）UID：0；

（4）GID：0；

（5）用户信息：root；

（6）HOME 目录：/root；

（7）登录后执行的 Shell：/bin/bash。

UID 是用户的 ID 值，在系统中每个用户的 UID 的值是唯一的，更确切地说每个用户

图 8-1　/etc/passwd 内容

都要对应一个唯一的 UID,系统管理员应该确保这一规则。系统用户的 UID 的值从 0 开始,是一个正整数,至于最大值可以在/etc/login. defs 可以查到,一般 Linux 发行版约定为 60000;在 Linux 中,root 的 UID 是 0,拥有系统最高权限。

一般情况下,每个 Linux 的发行版都会预留一定的 UID 和 GID 给系统虚拟用户占用,虚拟用户一般是系统安装时就有的,是为了完成系统任务所必需的用户,但虚拟用户是不能登录系统的,比如 ftp、nobody、adm、rpm、bin、shutdown 等。

在 Fedora 系统中会把前 499 个 UID 和 GID 预留出来,添加新用户时的 UID 从 500 开始,GID 也是从 500 开始,至于其他系统,有的系统可能会把前 999 个 UID 和 GID 预留出来;以各个系统中/etc/login. defs 的 UID_MIN 的最小值为准;Fedora 系统中 login. defs 的 UID_MIN 是 500,而 UID_MAX 值为 60000,也就是说我们通过 adduser 默认添加的用户的 UID 的值是 500 到 60000 之间;而 Slackware 通过 adduser 不指定 UID 来添加用户,默认 UID 是从 1000 开始。

8.3.2　用户影子文件——shadow

/etc/shadow 文件是/etc/passwd 的影子文件,这个文件并不由/etc/passwd 产生,这两个文件应该是对应互补的;shadow 内容包括用户及被加密的密码以及其他/etc/passwd 不能包括的信息,比如用户的有效期限等;这个文件只有 root 权限可以读取和操

作,权限如下:

---------- 1 root root 1218 2 月 22 20:04 /etc/shadow

/etc/shadow 文件的内容包括 9 个段位,每个段位之间用":"号分割,格式如下所示:

username:password:lastchg:min:max:warn:inactive:expire:flag

第一字段:用户名(也被称为登录名),在/etc/shadow 中,用户名和/etc/passwd 是相同的,这样就把 passwd 和 shadow 中的用户记录联系在一起,这个字段是非空的。

第二字段:密码(已被加密),如果有些用户在这段是 x,表示这个用户不能登录到系统;这个字段是非空的。

第三字段:上次修改口令的时间;这个时间是从 1970 年 01 月 01 日算起到最近一次修改口令的时间间隔(天数),用户可以通过 passwd 来修改密码,然后查看/etc/shadow 中此字段的变化。

第四字段:两次修改口令间隔最少的天数;如果设置为 0,则禁用此功能;也就是说用户必须经过多少天才能修改其口令;此项功能用处不是太大;默认值是通过/etc/login.defs 文件定义中获取,PASS_MIN_DAYS 中有定义。

第五字段:两次修改口令间隔最多的天数;这个能增强管理员管理用户口令的时效性,应该说在增强了系统的安全性;如果是系统默认值,是在添加用户时由/etc/login.defs 文件定义中获取,在 PASS_MAX_DAYS 中定义。

第六字段:提前多少天警告用户口令将过期;当用户登录系统后,系统登录程序提醒用户口令将要作废;如果是系统默认值,是在添加用户时由/etc/login.defs 文件定义中获取,在 PASS_WARN_AGE 中定义。

第七字段:在口令过期之后多少天禁用此用户;此字段表示用户口令作废多少天后,系统会禁用此用户,也就是说系统会不能再让此用户登录,也不会提示用户过期,是完全禁用。

第八字段:用户过期日期;此字段指定了用户作废的天数(从 1970 年的 1 月 1 日开始的天数),如果这个字段的值为空,帐号永久可用。

第九字段:保留字段,目前为空。

下面是系统中/etc/shadow 的内容,如图 8-2 所示。

对 root 用户信息进行解释,含义如下:

(1)用户登录名:root。

(2)用户加密口令:$6$8k4u4JOMzVheTchf$39k7JYoAtaq6myJ00hNl RKjAFdvc9HiQmsiSTnYhiJY3m/RI8W4XB6t8u3xKcpvNSH9xi/ujaJeZ00qHUBWGK。

(3)从 1970 年 1 月 1 日起到上次修改口令所经过的天数为:14651 天。

(4)需要多少天才能修改口令:0 天。

(5)该口令永不过期。

(6)在口令失效前 7 天通知用户,发出警告。

(7)禁止登录前用户名还有效的天数未定义,以":"表示。

(8)用户被禁止登录的时间未定义,以":"表示。

(9)保留域,未使用,以":"表示。

图 8-2　/etc/shadow 文件内容

8.3.3　用户组帐号文件——group 和 gshadow

/etc/group 文件是用户组的配置文件,内容包括用户和用户组,并且能显示出用户是归属哪个用户组或哪几个用户组,因为一个用户可以归属一个或多个不同的用户组;同一用户组的用户之间具有相似的特征。比如把某一用户加入 root 用户组,那么这个用户就可以浏览 root 用户主目录的文件,如果 root 用户把某个文件的读写执行权限开放,root用户组的所有用户都可以修改此文件,如果是可执行的文件(比如脚本),root 用户组的用户也是可以执行的。

用户组的特性在系统管理中为系统管理员提供了极大的方便,但安全性也是值得关注的,如某个用户下有对系统管理员最重要的内容,最好让用户拥有独立的用户组,或者是把用户下的文件的权限设置为完全私有;另外 root 用户组一般不要轻易把普通用户加入进去。

/etc/group 的内容包括用户组(Group)、用户组口令、GID 及该用户组所包含的用户(User),每个用户组一条记录,如图 8-3 所示。格式如下:

group_name:passwd:GID:user_list

在/etc/group 中的每条记录分四个字段:

第一字段:用户组名称;

第二字段:用户组密码;

第三字段:GID;

第四字段:用户列表,每个用户之间用","号分割;本字段可以为空;如果字段为空表示用户组为 GID 的用户名。

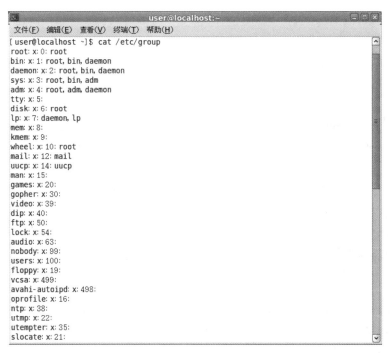

图 8-3 /etc/group 文件内容

/etc/gshadow 是/etc/group 的加密文件,比如用户组(Group)管理密码就是存放在这个文件。/etc/gshadow 和/etc/group 是互补的两个文件;对于大型服务器,针对很多用户和组,定制一些关系结构比较复杂的权限模型,设置用户组密码是极有必要的。比如不想让一些非用户组成员永久拥有用户组的权限和特性,这时可以通过密码验证的方式来让某些用户临时拥有一些用户组特性,这时就要用到用户组密码。

/etc/gshadow 格式如下(每个用户组独占一行):

groupname:password:admin,admin,…:member,member,…

第一字段:用户组;

第二字段:用户组密码,这个段可以是空的或!,如果是空的或有!,表示没有密码;

第三字段:用户组管理者,这个字段也可为空,如果有多个用户组管理者,用“,”号分割;

第四字段:组成员,如果有多个成员,用“,”号分割。

8.4 使用命令行方式管理用户和组

8.4.1 使用 useradd 命令添加用户

useradd 不加参数选项时,后面直接跟所添加的用户名时,系统时读取添加用户配置文件/etc/login. defs 和/etc/default/useradd 文件,然后读取/etc/login. defs 和/etc/default/useradd 中所定义的规则添加用户;并向/etc/passwd 和/etc/groups 文件添加用户和用户组记录；当然/etc/passwd 和/etc/groups 的加密资讯文件也同步生成记录；同时发生的还有系统会自动在/etc/add/default 中所约定的目录中建用户的主目录，并复制/etc/skcl 中的文件(包括隐藏文件)到新用户的主目录中。

　　useradd 的语法：

　　useradd [-u uid [-o]] [-g group] [-G group,…]

　　　　　　[-d home] [-s shell] [-c comment] [-m [-k template]]

　　　　　　[-f inactive] [-e expire] [-p passwd] name

　　useradd -D [-g group] [-b base] [-s shell]

　　　　　　[-f inactive] [-e expire]

　　当执行"useradd 用户名"来添加用户时，会发现一个比较有意思的现象，新添加的用户的主目录总是被自动添加到 /home 目录下，举个例子：

　　实例：不加任何参数，直接添加用户。

　　[root@localhost beinan]♯ useradd beinanlinux

　　[root@localhost beinan]♯ ls -ld /home/beinanlinux/

　　drwxr-xr-x 3 beinanlinux beinanlinux 4096 11 月 2 15:20 /home/beinanlinux/

　　在这个例子中，添加了 beinanlinux 用户，在查看/home/目录时，会发现系统自建了一个 beinanlinux 的目录。

　　查看 /etc/passwd 文件有关 beinanlinux 的记录，也会有新发现；我们通过 more 来读取 /etc/passwd 文件，并且通过 grep 来抽取 beinanlinux 字段，得出如下一行：

　　[root@localhost beinan]♯ more /etc/passwd | grep beinanlinux

　　beinanlinux:x:509:509::/home/beinanlinux:/bin/bash

　　从得出的 beinanlinux 的记录来看，以 adduser 工具添加 beinanlinux 用户时，设置用户的 UID 和 GID 分别为 509，并且把 beinanlinux 的主目录设置在 /home/beinanlinux，所有的 Shell 是 bash；再来看看 /etc/shadow、/etc/groups 和 /etc/gshadow 文件，是不是也有与 beinanlinux 有关的行；还要查看/etc/default/useradd 和 /etc/login. defs 文件的规则，看一下 beinanlinux 用户的增加是不是和这两个配置文件有关；还要查看 /home/beinanlinux 目录下的文件，是不是和/etc/skel 目录中的一样。

8.4.2　使用 usermod 命令修改用户信息

　　usermod 不仅能修改用户的 Shell 类型，所归属的用户组，也能修改用户密码的有效期，还能修改登录名。usermod 如此看来就是能做到用户帐号大转移；比如把用户 A 改为新用户 B。

　　usermod 的语法：

　　usermod[-u uid [-o]] [-g group] [-G group,…]

　　　　　　[-d 主目录 [-m]] [-s shell] [-c 注释] [-l 新名称]

　　　　　　[-f 失效日] [-e 过期日] [-p 密码] [-L|-U] 用户名

　　usermod 命令会参照命令列上指定的部分修改系统帐号文件。下列为 usermod 可选用的参数。

(1)-c comment:更新用户帐号 password 档中的注解栏,一般是使用 chfn(1)来修改。

(2)-d home_dir:更新用户新的目录。如果给定-m 选项,用户旧目录会搬到新的目录中,如旧目录不存在则建个新的。

(3)-e expire_date:加上用户帐号停止日期。日期格式为 MM/DD/YY。

(4)-f inactive_days:帐号过期几日后永久停权。当值为 0 时帐号则立刻被停权。而当值为-1 时则关闭此功能。预设值为-1。

(5)-g initial_group:更新用户新的起始登入用户组。用户组名需已存在。用户组 ID 必须参照既有的用户组。用户组 ID 预设值为 1。

(6)-G group,[…]:定义用户为一堆 groups 的成员。每个用户组使用","区格开来,不可以夹杂空白字元。用户组名同-g 选项的限制。如果用户现在的用户组不在此列,则将用户由该用户组中移除。

(7)-l login_name:变更用户 login 时的名称为 login_name,其他不变。特别是,用户目录名应该也会跟着变动成新的登入名。

(8)-s Shell:指定新登入 Shell。如果此栏留白,系统将选用系统预设 Shell。

(9)-u uid:用户 ID 值。必须为唯一的 ID 值,除非用-o 选项。数字不可为负值。预设为最小不得小于/etc/login.defs 中定义的 UID_MIN 值。0 到 UID_MIN 值之间是传统上保留给系统帐号使用。用户目录树下所有档案目录的 userID 会自动改变。放在用户目录外的档案则要自行手动更动。

注意:usermod 不允许改变正在线上的用户帐号名称。当 usermod 用来改变 userID,必须确认这名 user 没在电脑上执行任何程序。需手动更改用户的 crontab 档。也需手动更改用户的 at 工作档。采用 NISserver 须在 server 上更改相关的 NIS 设定。

举个简单的例子,我们在前面介绍了关于 useradd 的工具,而 usermod 工具和 useradd 的参数差不多;两者不同之处在于 useradd 是添加,usermod 是修改。

[root@localhost ~]# usermod -d /opt/linuxfish -m -l fishlinux -U linuxfish

//把 linuxfish 用户名改为 fishlinux,并且把其主目录转移到 /opt/linuxfish

[root@localhost ~]# ls -la /opt/linuxfish/

//查看用户 fishlinux 的主目录下的文件及属主

//总用量 48

drwxr-xr-x 3 fishlinux linuxfish 4096 11 月 5 16:46 .

drwxrwxrwx 29 root root 4096 11 月 5 16:48 ..

-rw-r--r-- 1 fishlinux linuxfish 24 11 月 5 16:46 .bash_logout

-rw-r--r-- 1 fishlinux linuxfish 191 11 月 5 16:46 .bash_profile

-rw-r--r-- 1 fishlinux linuxfish 124 11 月 5 16:46 .bashrc

-rw-r--r-- 1 fishlinux linuxfish 5619 11 月 5 16:46 .canna

-rw-r--r-- 1 fishlinux linuxfish 438 11 月 5 16:46 .emacs

-rw-r--r-- 1 fishlinux linuxfish 120 11 月 5 16:46 .gtkrc

drwxr-xr-x 3 fishlinux linuxfish 4096 11 月 5 16:46 .kde

-rw-r--r-- 1 fishlinux linuxfish 0 11 月 5 16:46 mydoc.txt

-rw-r--r-- 1 fishlinux linuxfish 658 11 月 5 16:46 .zshrc

［root@localhost ～］# more /etc/passwd |grep fishlinux //查看有关 fishlinux 的记录

fishlinux:x:512:512::/opt/linuxfish:/bin/bash

通过上面的例子,发现文件的用户组还没有变,如果想改变为 fishlinux 用户组,如果想通过 usermod 来修改,就要先添加 fishlinux 用户组;然后用 usermod -g 来修改,也可以用 chown -R fishlinux:fishlinux /opt/fishlinux 来改。

注意:最好不要用 usermod 来改用户的密码,因为它在/etc/shadow 中显示的是明口令;修改用户的口令最好用 passwd。

［root@localhost ～］# usermod -p 123456 fishlinux

//修改 fishlinux 的口令是 123456

［root@localhost ～］# more /etc/shadow |grep fishlinux

//查询/etc/shadow 文件中 fishlinux 的口令,看到明显没有加密

fishlinux:123456:13092:0:99999:7:::

8.4.3 使用 userdel 命令删除用户

userdel 可删除用户帐号与相关的文件。

userdel 的语法:

userdel ［-r］名称

userdel 很简单,只有一个参数可选-r;如果加参数-r,表示在删除用户的同时,一并把用户的主目录及本地邮件存储的目录或文件也一同删除;比如现在有两个用户 bnnb 和 lanhaitun,其主目录都位于/home 目录中,现在来删除这两个用户。

［root@localhost ～］# userdel bnnb

//删除用户 bnnb,但不删除其主目录及文件

［root@localhost ～］# ls -ld /home/bnnb

//查看其主目录是否存在

drwxr-xr-x 14 501 501 4096 8 月 29 16:33 /home/bnnb //存在

［root@localhost ～］# ls -ld /home/lanhaitun

//查看 lanhaitun 主目录是否存在

drwx------ 4 lanhaitun lanhaitun 4096 11 月 5 14:50 /home/lanhaitun //存在

［root@localhost ～］# userdel -r lanhaitun

//删除用户 lanhaitun,其主目录及文件一并删除

［root@localhost ～］# ls -ld /home/lanhaitun

//查看是否在删除 lanhaitun 用户的同时,也一并把其主目录和文件一同删除

ls:/home/lanhaitun //没有那个文件或目录,已经删除

注意:请不要轻易用-r 参数;它会删除用户的同时删除用户所有的文件和目录。切记:如果用户目录下有重要的文件,在删除前请备份。

其实也有最简单的办法,但这种办法有点不安全,也就是直接在/etc/passwd 中删除想要删除用户的记录;但最好不要这样做,/etc/passwd 是极为重要的文件,可能一不小心会操作失误。

8.4.4 使用 groupadd 命令创建用户组

groupadd 用于将新组加入系统。

groupadd 的语法：

groupadd [-g gid [-o]] [-r] [-f] group

groupadd 可指定用户组名称来建立新的用户组帐号，需要时可从系统中取得新用户组值。groupadd 有下列选项可用：

-g：后接 GID 值，除非使用-o 参数，否则该值必须是唯一，不可相同，数值不可为负，预设值以/etc/login. defs 为准。

-r：此参数是用来建立系统帐号的 GID 会比定义在系统档文件上/etc/login. defs 的 GID_MIN 来的小。注意 useradd 此用法所建立的帐号不会建立使用者目录，也不会纪录在/etc/login. defs. 的定义值。如果你想要有使用者目录需额外指定-m 参数来建立系统帐号，它会自动帮你选定一个小于的 GID_MIN 的值，不需要再加上-g 参数。

-f：新增一个已经存在的用户组帐号，系统会出现错误讯息然后结束 groupadd。如果是这样的情况，不会新增这个用户组（如果是这个情况，系统不会再新增一次），也可同时加上-g 选项，当加上一个 GID，此时 GID 就不再是唯一值，可不加-o 参数，建好用户组后会显示结果（adding a group as neither -g or -o options were specified）。

其实增加用户组的，用起来还是简单一点为好；比如下面的例子，添加 GID 为 666 的用户组 google。

[root@localhost ~]# groupadd -g 666 google

8.4.5　使用 groupmod 命令修改用户组属性

groupmod 更改群组识别码或名称。

groupmod 的语法：

groupmod [-g <群组识别码> <-o>][-n <新群组名称>][群组名称]

参数：

-g <群组识别码>：设置欲使用的群组识别码。

-o：重复使用群组识别码。

-n <新群组名称>：设置欲使用的群组名称。

8.4.6　使用 groupdel 命令删除用户组

groupdel 是用来删除用户组的。

groupdel 的语法：

groupdel 用户组

比如：

[root@localhost ~]# groupdel lanhaitun

删除用户组时，用户组必须存在，如果有组中的任一用户在使用中的话，则不能删除。

8.4.7　使用 id 和 finger 命令获取用户信息

除了直接查看用户（User）和用户组（Group）配置文件的办法外，还有 id 和 finger 工具可用，通过命令行的操作，来完成对用户的查询。id 和 finger 是两个各有侧重的工具，

id 工具更侧重用户、用户所归属的用户组、UID 和 GID 的查看；而 finger 侧重用户信息的查询，比如用户名（登录名）、电话、主目录、登录 Shell 类型、真实姓名、空闲时间等。

id 命令用法：

id 选项 用户名

比如：想查询 beinan 和 linuxsir 用户的 UID、GID 以及归属用户组的情况：

［root@localhost ～］# id beinan

uid＝500(beinan) gid＝500(beinan) groups＝500(beinan)

//beinan 的 UID 是 500，默认用户组是 beinan，默认用户组的 GID 是 500，归属于 beinan 用户组

［root@localhost ～］# id linuxsir

uid＝505(linuxsir) gid＝502(linuxsir) groups＝502(linuxsir),0(root),500(beinan)

//linuxsir 的 UID 是 505，默认用户组是 linuxsir，默认用户组的 GID 是 502，归属于 linuxsir(GID 为 502)、root(GID 为 0)、beinan(GID 为 500)

关于 id 的详细用法，可以通过 man id 来查看。

finger 的用法：

finger 选项 用户名 1 用户名 2 …

详细用法请参看 man finger。

如果 finger 不加任何参数和用户，会显示出当前在线用户，和 w 命令类似，对比一下，不过各有侧重。

［root@localhost ～］# w

14:02:42 up 1:03, 3 users, load average:0.04, 0.15, 0.18

USER TTY FROM LOGIN@ IDLE JCPU PCPU WHAT

linuxsir tty1 - 13:39 22:51 0.01s 0.01s -bash

beinan tty2 - 13:53 8:48 11.62s 0.00s /bin/sh /usr/X1

beinan pts/0 :0.0 13:57 0.00s 0.14s 1.08s gnome-terminal

［root@localhost ～］# finger

Login Name Tty Idle Login Time Office Office Phone

beinan beinan sun tty2 8 Oct 18 13:53

beinan beinan sun pts/0 Oct 18 13:57(:0.0)

linuxsir linuxsir open tty1 22 Oct 18 13:39 linuxsir o ＋1-389-866-771

如果在 finger 后面加上用户名，就可以看到用户更为详细的信息，可以一次查看多个用户，用空格分开，比如下面的例子中，我们一次查询两个用户 beinan 和 linuxsir 的信息。

［root@localhost ～］# finger beinan linuxsir

Login:beinan //用户名(也是登录名) Name:beinan sun //用户名全称

Directory:/home/beinan //主目录 Shell:/bin/bash //所用 Shell 类型

On since Tue Oct 18 13:53(CST) on tty2 10 minutes 55 seconds idle //空闲时间

On since Tue Oct 18 13:57(CST) on pts/0 from:0.0

No mail.

No Plan.

Login:linuxsir Name:linuxsir open

Directory:/home/linuxsir Shell:/bin/bash

Office：linuxsir office，＋1-389-866-7715

On since Tue Oct 18 13：39(CST) on tty1 24 minutes 58 seconds idle

No mail.

No Plan.

8.5　使用 Fedora 用户管理器管理用户和组

用户管理器允许查看、修改、添加和删除本地用户和组群。

8.5.1　启动 Fedora 用户管理

要使用用户管理器，具备 root 用户特权，并且安装了 system-config-users RPM 软件包。从桌面启动用户管理器，单击面板上的"系统"→"管理"→"用户和组群"，或在 Shell 提示（如 XTerm 或 GNOME 终端）下键入 system-config-users 命令。

要查看包括系统内全部本地用户的列表，单击"用户"标签。要查看包括系统内全部本地组群的列表，单击"组群"标签。Fedora 用户管理器如图 8-4 所示。

图 8-4　Fedora 用户管理器

如果你需要寻找指定的用户或组群，在"Search filter"字段内键入名称的前几个字符。按 Enter 键或单击"应用过滤器"按钮，被过滤的列表就会被显示。

要给用户和组群排序，单击列名。用户或组群就会按照该列的信息被排序。

Fedora 把 500 以下的用户 ID 保留给系统用户。用户管理器默认不显示系统用户。要查看包括系统用户在内的所有用户，从下拉菜单中取消选择"首选项"→"过滤系统用户和组群"。

8.5.2　创建用户

要添加新用户，单击"添加用户"按钮，就会出现如图 8-5 所示的窗口。

在适当的字段内键入新用户的用户名和全称。在"口令"和"确认口令"字段内键入口令。口令必须有至少六个字符。

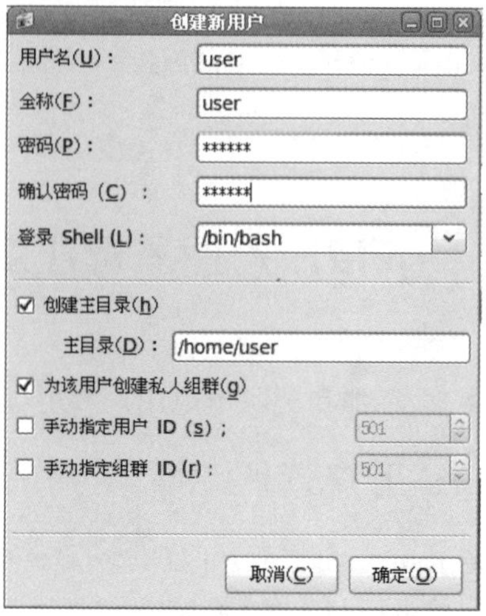

图 8-5　创建新用户

　　选择一个登录 Shell。如果你不能确定应该选择哪一个 Shell,就请接受默认的/bin/bash。默认的主目录是/home/用户名。可以改变为用户创建的主目录,或者通过取消选择"创建主目录"来为用户创建主目录。

　　如果选择要创建主目录,默认的配置文件就会从/etc/skel 目录中复制到新的主目录中。

　　Fedora 使用用户私人组群(user private group,UPG)方案。UPG 方案并不添加或改变 UNIX 处理组群的标准方法;它只不过提供了一个新约定。按照默认设置,每当你创建一个新用户的时候,一个与用户名相同的独特组群就会被创建。如果你不想创建这个组群,取消选择"为该用户创建私人组群"。

　　要为用户指定用户 ID,选择"手工指定用户 ID"。如果这个选项没有被选,从号码 500 开始后的下一个可用用户 ID 就会被分派给新用户。Fedora 把低于 500 的用户 ID 保留给系统用户。

8.5.3　修改用户属性

　　要查看某个现存用户的属性,单击"用户"标签,从用户列表中选择该用户,然后在按钮菜单中单击"属性"(或者从下拉菜单中选择"行动"→"属性")。

　　"用户属性"窗口被分隔成多个带标签的活页,如图 8-6 所示。

　　"用户数据"标签:显示在添加用户时配置的基本用户信息。使用这个标签来改变用户的全称、口令、主目录或登录 Shell 等。

　　"帐号信息"标签:如果你想让帐号到达某一固定日期时过期,选择"启用帐号过期"。在提供的字段内输入日期。选择"用户帐号已被锁"来锁住用户帐号,从而使用户无法在系统登录。

　　"口令信息"标签:这个标签显示了用户口令最后一次被改变的日期。要强制用户在一定天数之后改变口令,选择"启用口令过期"。还可以设置允许用户改变口令之前要经

图 8-6　用户属性

过的天数,用户被警告去改变口令之前要经过的天数,以及帐号变为不活跃之前要经过的天数。

"组群"标签:选择想让用户加入的组群以及用户的主要组群。

8.5.4　创建用户组

要添加新用户组群,单击"添加组群"按钮,弹出"创建新组群"对话框如图 8-7 所示。键入新组群的名称来创建。要为新组群指定组群 ID,选择"手动指定组群 ID",然后选择 GID。Fedora 把低于 500 的组群 ID 保留给系统组群。

单击"确定"按钮来创建新组群。新组群就会出现在组群列表中。

8.5.5　修改用户组属性

查看某一现存组群的属性,从组群列表中选择该组群,然后在按钮菜单中单击"属性"(或选择下拉菜单"文件"→"属性"),如图 8-8 所示。

图 8-7　创建新组群　　　　图 8-8　组群属性

"组群用户"标签显示了哪些用户是组群的成员。选择其他用户来把他们加入组群中,或取消选择用户来把他们从组群中移除。单击"确定"按钮来修改该组群中的用户。

> ## 小 结
>
> 　　本章主要介绍了 Linux 系统中用户和组的管理。首先通过介绍直接修改文件（/etc/passwd、etc/group、etc/shadow）来实现用户管理和组管理，然后介绍命令和图形化工具来实现用户管理和组管理。

实 验 二　用户和组管理

　　1. 使用命令行方式完成新建名为"group1"和"group2"的用户组，在"group1"组中添加一用户"user"，然后将用户"user"隶属于"group2"，最后删除"group1"用户组。

　　2. 使用图形管理方式完成新建名为"group3"和"group4"的用户组，在"group3"组中添加一用户"user1"，然后将用户"user1"隶属于"group4"，最后删除"group3"用户组。

练 习

　　1. 下面说法错误的是（　　）。

　　A. 系统管理员的主要任务是维护用户和工作组

　　B. 至少有超级用户帐号和普通帐号

　　C. 当用户添加到某个组时，该用户成为组管理员

　　D. 帐号的权限取决于命令和目录

　　2. 下列说法错误的是（　　）。

　　A. 为保证 Linux 文件系统的安全，把口令保存到只有超级用户才能读取/etc/shadow 文件中

　　B. 在 shadow 文件中，每定义一个用户信息，行中各字段用"："隔开

　　C. 为进一步提高系统的安全性，shadow 文件中保存的是已经加密的口令

　　D. password 是一个文本文件，用于定义系统的用户帐号，该文件位于"/bin"目录下

　　3. 对于用户组帐户，一个用户（　　）。

　　A. 必须属于一个组　　　　　　　　　B. 必须属于多个组

　　C. 可以属于一个组或多个组　　　　　D. 可以不属于任何组

　　4. 对于组帐户可以进行的操作是（　　）。

　　A. 增加组　　　　　　　　　　　　　B. 一个组添加到另一个组中

　　C. 删除组　　　　　　　　　　　　　D. 修改组信息

　　5. 对于组中的用户不可以的是（　　）。

　　A. 添加一个用户　　　　　　　　　　B. 删除一个用户

　　C. 将用户加入另一组　　　　　　　　D. 将用户设为组管理员

6. 下面不是用户和组状态命令的是（　　）。

A. gpasswd　　　　　B. su　　　　　C. groups　　　　　D. id

7. 用户帐号文件是（　　）。

A. shadow　　　　　B. group　　　　　C. passwd　　　　　D. gshadow

8. passwd 文件各字段说明中,表示使用者在系统中的名字是（　　）。

A. account　　　　　B. password　　　　　C. UID　　　　　D. GID

9. usermod 的命令参数中（　　）用来修改用户帐号名称。

A. -L　　　　　B. -U　　　　　C. -l　　　　　D. -u

10. 在终端提示符后使用 useradd 命令,该命令没做（　　）。

A. 在/etc/passwd 文件中增添了一行记录

B. 在/home 目录下创建新用户的主目录

C. 将/etc/skel 目录中的文件拷贝到新用户的主目录中去

D. 建立新的用户并且登录

11. 系统中每一个文件都有（　　）用户和组的属主。

A. 一个,一个　　　B. 一个,多个　　　C. 多个,一个　　　D. 多个,多个

12. gpasswd 命令不可用于（　　）。

A. 把一个帐户添加到组　　　　　　B. 把一个帐户在组中锁定

C. 把一个帐户从组中删除　　　　　D. 把一个帐户设为组管理员

13. whoami 指令相当于执行（　　）指令。

A. id-un　　　　　B. id-ru　　　　　C. id-gn　　　　　D. id-Gu

14. usedel 命令用于删除指定的用户帐号。其中（　　）用来删除用户登录目录以及目录中所有文件。

A. -R　　　　　B. -r　　　　　C. -f　　　　　D. -a

15. 把用户名"liuyidan"改为"lyd",使用的命令是（　　）。

A. ♯ usermod -l lyd liuyidan　　　　　B. ♯ usermod -L lyd liuyidan

C. ♯ useradd -L lyd liuyidan　　　　　D. ♯ useradd -l lyd liuyidan

16. 超级用户的口令必须（　　）。

A. 至少 4 个字节,并且是大小写敏感的

B. 至少 6 个字节,并且是大小写敏感的

C. 至少 4 个字节,并且是大小写不敏感的

D. 至少 6 个字节,并且是大小写不敏感的

17. 为了保证系统的安全,现在的 Linux 系统一般将/etc/passwd 密码文件加密后,保存为（　　）文件。

A. /etc/group　　　　　　　　　B. /etc/netgroup

C. /etc/libsafe. notify　　　　　D. /etc/shadow

18. 系统管理员用户组管理的内容包括（　　）。

A. 创建和删除工作组　　　　　　B. 修改组的属性

C. 调整用户所属工作组　　　　　D. 工作组权限的设定

19. 在/home/stud1/wang 目录下有一文件 file,使用（　　　）可实现在后台执行命令,此命令将 file 文件中的内容输出到 file. copy 文件中。

A. cat file ＞;file. copy   B. cat ＞;file. copy

C. cat file file. copy &   D. cat file ＞;file. copy &

20. /etc/passwd 文件用来存储（　　　）信息。

A. 系统中所有用户的加密过的密码

B. 用户帐户信息和帐户的参数

C. 用户和组的加密后的密码

D. 所有用户和服务器的密码

21. 在 Linux 下哪一个命令可以显示系统所有已经登录的用户（　　　）。

A. who   B. ls   C. find   D. whereis

22. root 用户的 UID 是（　　　）。

A. 0   B. 1   C. 1000   D. 9999

23. root 用户的 GID 是（　　　）。

A. 0   B. 1   C. 1000   D. 9999

24. 在 Linux 的 bash 环境下普通用户的默认提示符是（　　　）。

A. .   B. #   C. @   D. ?

25. 在 Linux 的 bash 环境下 root 用户的默认提示符是（　　　）。

A. .   B. #   C. @   D. ?

26. root 用户在 Linux 系统中的权限是（　　　）。

A. 是系统管理员,除了具有与其他的用户一样权限外,还具有系统的特权

B. 和其他的用户一样,不具有特权

C. 权限受到限制,之能在特定的目录中执行操作

D. 以上答案都不正确

27. （　　　）命令可以显示正在登录的用户的属组。

A. groups   B. group   C. groupinfo   D. groupmod

28. 以下哪条命令可以更改指定组的相关信息（　　　）。

A. groups   B. group   C. groupinfo   D. groupmod

29. 使用 groupmod 的参数（　　　）可以对已存在的组名字进行重命名。

A. n   B. r   C. p   D. 以上都不对

30. （　　　）命令可以更改指定用户的相关信息。

A. user   B. usermod   C. userinfo   D. infouser

31. usermod -s /bin/bash test 命令的含义是（　　　）。

A. 将 test 用户的登录 Shell 更改为 bash

B. 为 test 用户建立一个 Shell

C. 为 test 命令的执行 Shell 更改为 bash

D. 以上都不对

32. 当执行 useradd -m bobm 命令后发现 bobm 用户无法登录,可能是由于(   )。

A. 需要使用 passwd 命令给 bobm 用户指定密码

B. 需要创建 bobm 用户的主目录并且赋予其适当的权限

C. 需要编辑/etc/passwd 文件,并为 bobm 用户指定一个 Shell

D. 系统中的用户名至少应为 5 个字母

33. 当我们查看/etc/passwd 文件的时候,发现所有用户信息中都包含一个 x,这里 x 代表(   )。

A. 密码是加密的   B. 启用 shadow 文件保存密码

C. 所有密码为空格   D. 所有的密码都有有效期

34. 当从系统中删除一个登录名为 ming 的用户时使用命令 userdel ming,这样处理之后,虽然/etc/passwd 文件已经被更新了,不过该用户的 home 目录等相关文件依旧存在,那么该使用下面的命令(   )来进行完全的删除。

A. userdel -m ming   B. userdel -l ming

C. userdel -a ming   D. userdel -r ming

35. 当我们在/etc/passwd 文件中添加"ming::501:501:Ming:/home/ming:/bin/bash"这么一行后,并使用 passwd 命令为 ming 用户设置了密码,此时发现 ming 用户仍然无法登录,主要原因是(   )。

A. 用户不能修改自己的密码

B. ming 用户对自己的主目录没有足够的权限

C. ming 用户的用户信息应该全部使用小写

D. 在创建用户时密码区域不能为空

36. (   )可以查看系统中所有已存在的用户。

A. /etc/passwd   B. /etc/users

C. /etc/password   D. /etc/user.conf

37. 当用户需要将自己原来的登录名由 user1 改为 user2,可以使用的命令为(   )。

A. usermod -l user1 user2   B. usermod -l user2 user1

C. usermod -u user1 user2   D. usermod -u user2 user1

38. 当系统管理员需要在系统中添加名为"develop"和"admin"的两个组时,所使用的方法是(   )。

A. newgrp   B. creategroup

C. groupadd   D. 手工编辑/etc/group.conf 文件

39. 删除一个用户并且将该用户主目录一起删除的命令为(   )。

A. userdel -m bob   B. userdel -u bob

C. userdel -l bob   D. userdel -r bob

第9章

软件包管理

9.1 软件管理的概念

9.1.1 软件包

软件包是一个压缩的文档,包含了内容信息、应用程序文件、图标、文档和用作管理的脚本。管理程序利用这些内容来安全地定位、安装和卸载软件。Fedora 的软件和文档以一种被称为 RPM 软件包的文件方式提供。例如,Fedora 安装过程使用随 Fedora Core 附带的软件包来构建或升级符合您需要的系统。

另外,软件包也包含一个数字签名,以验证它们的来源。软件管理工具通过 GPG (The GNU Privacy Guard,GNU 隐私卫士)公钥来验证这个签名。yum 和 rpm 工具共享同一个 keyring,它保存了所有有保障的软件包来源的公钥。系统管理员可以选择添加这些有保障的软件包来源。

每个软件包文件都有一个很长的名字,包含了软件包名称、版本号、发行版本、硬件架构。例如,Fedora Core 中 tsclient 软件包的全名:tsclient-0.132-6.i386.rpm。实际上管理工具处理软件包时,通常使用如下格式之一:

- 软件包名称:tsclient
- 带有版本号和发行版本的软件包名称:tsclient-0.132-6
- 带有硬件架构的软件包名称:tsclient.i386

每次为软件包指定架构的时候,实际指定的是该软件对机器架构的最低要求。每种架构都有其表示名称和含义,见表 9-1。

表 9-1 架构名称及其含义

架 构	含 义
i386	适用于任何现有的 Intel 兼容计算机
noarch	适用于所有架构
ppc	适用于 Power PC 系统,例如 Apple Power Macintosh
x86_64	适用于 64 位 Intel 处理器,例如 Opterons

yum 工具以"名称. 架构"的格式来列出软件包,在 yum 的命令行中,应当使用软件包的短名称。yum 会自动在符合您的机器架构的仓库中,选择版本最新的软件包。

9.1.2 仓 库

仓库是一个预备好的目录,或是一个网站,包含了软件包和索引文件。软件管理工具,类似 yum,可以在仓库中自动地定位并获取正确的 RPM 软件包。这样,用户就不必手动搜索和安装新应用程序和升级补丁了。只用一个命令,用户就可以更新系统中所有软件,也可以根据指定搜索目标来查找安装新软件。

有一系列的服务器,为每个版本的 Fedora 分别提供了一些仓库。Fedora Core 中的软件管理工具已经预先配置为使用下列三个仓库:

(1)Base

构成 Fedora Core 的软件包,和光盘上内容相同。

(2)Updates

Base 仓库中软件包的更新版本。

(3)Extras

一大批附加的软件包。

第三方软件开发者通常也使用仓库,来提供自己软件的 Fedora 版本。可以用 Fedora 仓库提供的软件组来管理相关的软件包集合。第三方仓库可以向这些组中添加软件包,也可以将自己的软件包放在新的组中。

用户要查看 Fedora 系统中现有可用的软件组,可运行命令 su -c 'yum group list'。

使用仓库来保证用户总是用着软件的最新版。如果仓库中提供了某个软件包的多个版本,管理工具会自动选择最新的那个。

9.1.3 依赖关系

Fedora 发行版中安装的某些文件属于库,它为多个应用程序提供功能。如果一个应用程序需要某个特定的库,那么这个库就是一个依赖。要正常地安装一个软件包,Fedora 必须首先满足它的依赖关系。一个 RPM 软件包的依赖信息储存在这个 RPM 文件中。

yum 工具使用软件包依赖关系数据来保证一个应用程序在安装前,所有的要求都已满足。它自动地安装依赖的软件包,如果系统中没有的话。如果某个新的应用程序的要求与现有的软件冲突,yum 会放弃,不对系统做任何修改。

9.1.4　软件管理工具

Fedora Core 中软件管理工具包括 up2date、命令行工具 rpm、yum 工具。yum 工具是一个完整的软件管理系统，在 Fedora 中主要以 yum 工具为主，其他的作为 yum 工具的补充。

桌面上有一个 Alert 图标，当软件包有更新时它会通知用户。如果用户的系统不是最新的，这个图标就显示为带有闪烁的感叹号的红色圆圈。警告图标是 up2date 的一部分，它让用户可以简单地更新系统。

Fedora Core 也包含了一个图形化管理软件工具。要在图形界面运行这个应用程序，从菜单中选择"系统"→"管理"→"添加/删除软件"。

命令行工具 rpm 有很多功能，主要是操作单独的 RPM 软件包。用户可以利用它来手动地为系统安装和移除软件包。如果使用 rpm 工具安装软件，用户必须手动地检测和安装任何依赖关系。因此，yum 是安装软件的首选方式。

up2date 和 yum 工具可以保证用户安装的是最新版本的软件包。其他方式不保证软件包是否最新。

9.2　yum 工具

使用 yum 工具改变系统中的软件配置，有四种选择：

- 从仓库安装新软件
- 从单独的软件包文件安装新软件
- 更新系统中现有的软件
- 从系统中移除不需要的软件

使用 yum 时，应指定一个操作，以及一个或多个软件包/软件组。对于每个操作，yum 都要从已配置的仓库中下载最新的软件包信息。如果网络连接比较慢，yum 会用数秒钟来下载仓库的索引以及软件包的文件头。

为得到所需的结果，yum 工具搜索这些数据文件，产生最好的动作集合，然后显示待处理的事务，用户可以批准是否继续。事务可能会包含安装、更新或删除额外的软件，以此来满足软件依赖关系。

yum 工具支持导入仓库公钥。为保证下载到的软件包是真实的，yum 用提供者的公钥校验每个软件包的数字签名。当事务需要的所有软件包都已成功下载并校验后，yum 将它们应用到您的系统中。

每个完成的事务会在日志文件/var/log/yum.log 中记录受影响的软件包。用户只能以 root 权限读取它。

9.2.1　安装软件

要安装软件 tsclient，输入命令：

su -c ′yum install tsclient′

当提示时,输入 root 帐号的密码。

要安装软件组 MySQL Database,输入命令:

su -c ′yum groupinstall ″MySQL Database″′

当提示时,输入 root 帐号的密码。

9.2.2　更新软件

如果更新某个软件时,它正在被使用,那么旧版本仍然有效,直到重新启动应用程序或服务。内核的更新必须等用户重新启动系统后方才可生效。

要更新 tsclient 软件为最新版本,输入:

su -c ′yum update tsclient′

当提示时,输入 root 帐号的密码。

9.2.3　删除软件

要移除软件,yum 在系统中检测指定被移除的软件,以及任何依赖于它的软件。移除软件的事务将移除这一软件及所有依赖于它的软件。

要移除 tsclient 软件,使用命令:

su -c ′yum remove tsclient′

当提示时,输入 root 帐号的密码。

9.2.4　查找软件

使用 yum 的搜索功能来查找已配置的仓库中可用的软件,或系统中已安装的软件。搜索自动包含这两类软件。结果的格式依赖于所用的选项。如果查询没有给出结果,说明没有满足要求的软件。

要通过名称搜索,使用 list 功能。要搜索软件 tsclient,使用命令:

su -c ′yum list tsclient′

当提示时,输入 root 帐号的密码。

如果用户不知道软件的名称,使用 search 或 provides 功能。另外,可以在任何 yum 搜索选项中使用通配符和正则表达式,来扩大搜索范围。

search 功能检测所有可用的软件的名称、描述、概述和已列出的维护者,查找匹配的值。例如,要从所有软件包中搜索与 PalmPilots 相关的内容,输入:

su -c ′yum search PalmPilots′

当提示时,输入 root 帐号的密码。

使用标准的通配符搭配词或名称的片段来搜索:? 代表任意单个字符,* 代表 0 或多个字符。在通配符前应当使用转义字符(\)。

要列出名称以 tsc 开始的软件,输入:

su -c ′yum list tsc\ *′

9.2.5　更新系统

使用 update 功能来更新 Fedora 系统中所有软件为最新版,只要一步操作。

要进行整个系统的更新,输入命令:

su -c 'yum update'

在提示时,输入 root 帐号的密码。

Fedora Core 中的 yum 包含了一个脚本,用以每日自动地更新整个系统。要激活每日的自动更新,输入命令:

su -c '/sbin/chkconfig --level 345 yum on; /sbin/service yum start'

在提示时,输入 root 帐号的密码。

9.2.6　禁用或删除软件来源

yum 不需要任何日常的维护。为保证 yum 操作的速度,用户应当禁用或删除那些不再需要的仓库。

在仓库的描述文件中设置 enable＝0 可以禁止 yum 使用这个仓库。yum 工具忽略包含这一设置的描述文件。

要彻底删除一个仓库:

1. 从/etc/yum. repos. d/目录中删除相关的文件。

2. 从/var/cache/yum/目录中删除相关的缓存目录。

9.2.7　清空 yum 缓存

用户还可以删除 yum 缓存中的文件,从而节省硬盘空间。

默认情况下,yum 保留它下载的软件包和软件信息文件,这样将来可以复用它们,不必重新下载。要删除软件信息文件,使用命令:

su -c 'yum clean headers'

要删除缓存中所有软件包,使用命令:

su -c 'yum clean packages'

在提示时,输入 root 帐号的密码。

删除已缓存的文件,下次需要它们时,必须重新下载。这样,完成操作需要的时间会增加。

9.2.8　配置 yum 代理服务器

默认情况下,yum 通过 HTTP 连接到网络上的仓库。所有 yum HTTP 操作都使用 HTTP/1.1,与支持这一标准的 Web 代理服务器兼容。用户也可以连接到 FTP 仓库,并配置 yum 使用 FTP 代理服务器。squid 软件包同时提供了 HTTP/1.1 和 FTP 连接的代理服务。

要设置所有 yum 操作都使用代理服务器,可以在/etc/yum. conf 中设置代理服务器的信息。proxy 配置项必须设定为完整的代理服务器的 URL,包含 TCP 端口号在内。如果代理服务器要求用户名和密码,可以用 proxy_username 和 proxy_password 配置项来指定它们。

例如:配置 yum 代理服务器 mycache. mydomain. com,连接端口号 3128,用户名 yum-user,密码 qwerty。

♯ 代理服务器 - proxy server:port number

proxy=http://mycache. mydomain. com:3128

♯ 用于 yum 连接的帐号细节

proxy_username=yum-user

proxy_password=qwerty

要为一个特定的用户启用代理访问,只要将实例框中的文本行加入这个用户的 Shell 配置中。对于默认的 bash shell,配置是在~/. bash_profile 中。这一设置使得 yum 使用代理服务器 mycache. mydomain. com,连接端口号 3128。

♯ 这个帐号使用的代理服务器

http_proxy="http://mycache. mydomain. com:3128"

export http_proxy

如果代理服务器需要用户名和密码,只要将它们加入 URL。要包含用户名 yum-user,密码 qwerty,添加设定:

♯ 这个帐号使用的代理服务器和用户名/密码

http_proxy="http://yum-user:qwerty@mycache. mydomain. com:3128"

export http_proxy

9.3　其他软件仓库

9.3.1　仓库相容性

Fedora Extras 仓库提供了按照与 Fedora Core 相同的标准构建的软件。第三方软件总是会与 Fedora Project 软件包相容。如果不是,提供者会给出特别的说明。

在将一个仓库添加为软件来源之前,一定要阅读仓库所属的网站上有关软件相容性的信息。不同的仓库提供者可能提供同一个软件的不同的不相容的版本。第三方仓库也可能提供 Fedora 仓库中软件的替代软件包。

替代软件包可能是软件的不同版本,功能与 Fedora Project 仓库中的版本不同。在将 Fedora Project 版本的软件包替换掉前,仔细考虑其中的好处和可能的不相容情况。

为一个版本的 Fedora 构建的软件包通常与另一个版本的 Fedora 不相容。提供者的网站总是会特别地说明所支持的 Fedora 版本。

9.3.2　添加仓库作为软件来源

要另外添加一个仓库,必须在系统中/etc/yum. repos. d 目录下新建一个描述文件。仓库维护者一般会在网站上公布自己的仓库的描述文件。

用户必须有 root 权限才能向这个目录添加文件。要复制描述文件 example.repo,输入命令:

su -c 'cp example.repo /etc/yum.repos.d/'

在提示时,输入 root 帐号的密码。

每个仓库的描述文件应当包含一个 gpgkey 配置项。这一配置项指定了为验证这一仓库的软件包所用的公钥的地址。这个公钥在第一次安装这个仓库中的软件时会自动导入。

9.3.3　手动认证软件来源

要手动向 rpm 钥匙环中添加公钥,使用 rpm 的 import 功能。要导入文件 GPG-PUB-KEY.asc,输入命令:

su -c 'rpm --import GPG-PUB-KEY.asc'

在提示时,输入 root 帐号的密码。

用户可以直接从一个网站上导入公钥。例如,要导入网站 www.therepository.com 上的文件 GPG-PUB-KEY.asc,使用命令:

su -c 'rpm --import http://www.therepository.com/GPG-PUB-KEY.asc'

在提示时,输入 root 帐号的密码。

9.4　图形化软件安装和删除工具

Fedora 28 提供图形化软件安装与删除工具,从菜单中选择"活动"→"显示应用程序"→"已安装",如图 9-1 所示。

图 9-1　添加/删除软件

安装软件首先应该设置软件源,默认的软件源 Fedora 28 openh264(From Cisco)-x86_64 和 Fedora 28-x86_64-Test Updates,这可以在安装系统时选择,如图 9-2 所示。

图 9-2　设置软件源

该工具提供的默认软件源,需要联网才能使用,并且提供几千种软件。使用安装软件时,可以输入软件的关键字进行查找,也可以通过列表框中提供的分类进行选择。选择需要安装的软件,会提供该软件的内容简介、大小和来源,然后单击"应用"按钮,会自动分析依赖关系,下载安装该软件,如图 9-3 所示。

图 9-3　安装软件

利用该工具删除已安装的软件,选择需要删除软件,单击"移除"按钮,在弹出的对话框中确认是否移除,单击"移除"按钮,即可删除该软件,如图 9-4 所示。如果该软件有其他依赖关系的软件,会提示用户是否也删除。

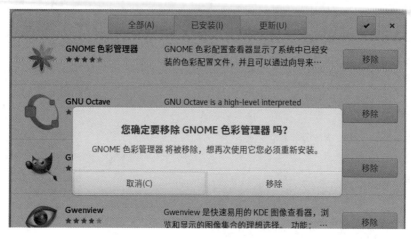

图 9-4　删除软件

9.5　RPM

The Red Hat Package Manager(RPM)是一个开放的软件包管理系统。它工作于 Red Hat Linux 以及其他 Linux 和 UNIX 系统,可被任何人使用。红帽子软件公司鼓励其他厂商来了解 RPM 并在自己的产品中使用它,RPM 的发布基于 GPL 协议。

对于最终用户来说,RPM 所提供的众多功能使维护系统要比以往容易得多。安装、卸载和升级 RPM 软件包均是只需一条命令即可完成,所有烦琐的细节问题用户无须费心。RPM 维护一个所有已安装的软件包和文件的数据库,可以让用户进行功能强大的软件包查询和验证工作。在软件包升级过程中,RPM 会对配置文件进行特别处理,因此用户绝对不会丢失以往的定制信息,这对于直接使用.tar.gz 文件是不可能的。

对于程序员,RPM 可以让用户连同软件的源代码打包成源代码和二进制软件包供最终用户使用。这个过程十分简单,整个过程由一个主文件和可能的补丁程序组成。RPM 在软件的新版本发布时,这种"原始"源代码,补丁程序和软件生成指令的清晰描述简化了软件包的维护工作。

9.5.1　RPM 设计目标

在准备了解如何使用 RPM 之前,理解 RPM 的设计目标是有所裨益的。

1. 软件包的可升级性

使用 RPM 可以单独升级系统中的某些部件而无须整个重新安装。当用户获得了一套基于 RPM 新版操作系统时(如红帽子 Linux),用户无须重新安装机器(而基于其他软件打包机制的常常需要这么做)。RPM 允许智能、全自动地升级系统。包中的配置文件在升级过程中会予以保留,因此用户不会丢失定制信息。

2. 功能强大的软件包信息查询

RPM 拥有功能强大的查询选项,可以搜索数据库来查询软件包或文件。可以简便地查出某个文件属于哪个软件包或出自哪儿。RPM 软件包中的文件以压缩格式存放,拥有一个定制的二进制头文件,其中包含有关包和内容的有用信息,可以让用户对单个软件包的查询简便又快速。

3. 系统验证

另一项强大的功能是进行软件包的验证。如果用户担心误删了某个软件包中的某个文件,就可以对它进行验证。任何非正常现象将会被通知。此时,如果需要的话,用户可以重新安装该软件包。在重新安装过程中,所有被修改过的配置文件将被保留。

4. 保持软件包的原始特征

一项严格的设计目标是要保持软件包的原始特征,就像该软件的原始发布者发布软件时那样。通过使用 RPM,用户可以拥有最初的软件和要使用的任何补丁程序还有详细的软件构建信息。从几方面来说这是非常之大的优点。例如,当某个软件的新版本发行时,用户无须从头编译所有文件,可以看一看补丁程序都需要做些什么。在这种方式下,所有编译条件以及为生成软件所做的修改都将是可见的。

9.5.2 使用 RPM

RPM 有六种基本的操作方式(不包括创建软件包):安装、卸载、升级、查询、验证和检查。本节简要地描述了这五种操作。使用命令 rpm—help,以获得更为全面的信息。

1. 安装

RPM 软件包通常具有类似 foo-1.0-1.i386.rpm 的文件名。其中包括软件包的名称(foo)、版本号(1.0)、发行号(1)和硬件平台(i386)。安装一个软件包只需简单地输入以下命令:

$ rpm -ivh foo-1.0-1.i386.rpm

foo##################################

正如用户所看到的,RPM 将会打印出软件包的名字(并不一定与文件名相同),而后打印一连串的♯号以表示安装进度。

软件包的安装被设计得尽量简单易行,但是可能会发生几个错误:

error:V3 DSA signature;BAD, key ID 0352860f

如果它是新的、只针对文件头的签名,会看到如下所示的错误消息:

error:Header V3 DSA signature;BAD, key ID 0352860f

如果没有安装合适的钥匙来校验签名,消息中就会包含 NOKEY,如:

warning:V3 DSA signature;NOKEY, key ID 0352860f

(1)软件包已被安装

如果软件包已被安装,将会出现以下信息:

$ rpm -ivh foo-1.0-1.i386.rpm

foo package foo-1.0-1 is already installed

error:foo-1.0-1.i386.rpm cannot be installed

如果仍旧要安装该软件包,可以在命令行上使用-replace pkgs 选项,这将忽略该错误信息。

（2）文件冲突

如果要安装的软件包中有一个文件已在安装其他软件包时安装，会出现以下错误信息：

```
# rpm -ivh foo -1.0-1.i386.rpm
foo /usr/bin/foo conflicts with file from bar-1.0-1
error:foo-1.0-1.i386.rpm cannot be installed
```

要想让 RPM 忽略该错误信息，请使用--replace files 命令行选项。

（3）未解决依赖关系

RPM 软件包可能依赖于其他软件包，也就是说要求在安装了特定的软件包之后才能安装该软件包。如果在安装某个软件包时存在这种未解决的依赖关系。会产生以下信息：

```
$ rpm -ivhbar-1.0-1.i386.rpm
failed dependencies：
foo is needed by bar-1.0-1
```

用户必须安装完所依赖的软件包，才能解决这个问题。如果用户想强制安装（这是个坏主意，因为安装后的软件包未必能正常运行），请使用--nodeps 命令行选项。

2.卸载

卸载软件包就像安装软件包一样简单：

```
$ rpm -e foo
```

注意：这里使用软件包的名字 foo，而不是软件包文件的名字 foo-1.0-1.i386.rpm。

如果其他软件包依赖于要卸载的软件包，卸载时则会产生错误信息。如：

```
$ rpm -e foo
removing these packages would break dependencies：
foo is needed by bar-1.0-1
```

要想 RPM 忽略该错误信息继续卸载（这可不是一个好主意，因为依赖于该软件包的程序可能无法运行），请使用--nodeps 命令行选项。

3.升级

升级软件包和安装软件包十分类似：

```
$ rpm-Uvhfoo-2.0-1.i386.rpm
foo###########################################
```

RPM 将自动卸载已安装的老版本的 foo 软件包，不会看到有关信息。事实上可能总是使用-U 来安装软件包，因为即便以往未安装过该软件包，也能正常运行。

因为 RPM 执行智能化的软件包升级，自动处理配置文件，将会看到如下信息：

```
saving/etc/foo.confas/etc/foo.conf.rpm save
```

这表示用户对配置文件的修改不一定能向上兼容于该软件包中的配置文件。因此，RPM 会备份老文件，安装新文件。应当尽快解决这两个配置文件的不同之处，以使系统能持续正常运行。

因为升级其实就是软件包的卸载与安装的综合，可能会遇见那些操作中可能发生的错误。有一处不同，那就是当使用旧版本的软件包来升级新版本的软件时，会产生以下错误信息：

　$ rpm -Uvh foo-1.0-1.i386.rpm

　foo package foo-2.0-1(which is newer) is already installed

　error:foo-1.0-1.i386.rpm cannot be installed

要使 RPM 坚持这样"升级"，就使用-old package 命令行参数。

4. 查询

使用命令 rpm -q 来查询已安装软件包的数据库。简单地使用命令 rpm -q foo 会打印出 foo 软件包的包名、版本号和发行号。

　$ rpm -q foo

　foo-2.0-1

除了指定软件包名以外，用户还可以连同-q 使用以下选项来指明要查询哪些软件包的信息。这些选项被称之为"软件包指定选项"：

-a：查询所有已安装的软件包。

-f：将查询包含有文件某某的软件包。

-p：查询软件包文件名为某某的软件包。

有几种方式来指定查询软件包时所显示的信息。以下选项用于选择您感兴趣的信息进行显示，它们被称作信息选择选项：

-i：显示软件包信息，如描述、发行号、尺寸、构建日期、安装日期、平台以及其他一些各类信息。

-l：显示软件包中的文件列表。

-s：显示软件包中所有文件的状态。

-d：显示被标注为文档的文件列表(man 手册，info 手册，README's,etc)。

-c：显示被标注为配置文件的文件列表。这些是要在安装完毕以后加以定制的文件(sendmail.cf,passwd,inittab,etc)。

对于那些要显示文件列表的文件，可以增加-v 命令行选项以获得如同 ls -l 格式的输出。

5. 验证

验证软件包是通过比较(compares)从软件包中安装的文件和软件包中的原始文件信息来进行的。除了其他一些东西，验证主要是比较文件的尺寸、MD5 校验码、文件权限、类型、属主和用户组等。

rpm -V 命令用来验证一个软件包。可以使用任何包选择选项来查询要验证的软件包。命令 rpm -V foo 将用来验证 foo 软件包。又如：

验证包含特定文件的软件包：

rpm -Vf /bin/vi

验证所有已安装的软件包：

rpm -Va

根据一个 RPM 来验证某个软件包：

rpm -Vp foo-1.0-1.i386.rpm

如果担心 RPM 数据库已被破坏，就可以使用这种方式。

如果一切均校验正常将不会产生任何输出。如果有不一致的地方，就会显示出来。输出格式是 8 位长字符串，"c"用以指配置文件，接着是文件名。8 位字符的每一个用以表示文件与 RPM 数据库中一种属性的比较结果。"."（点）表示测试通过。以下字符表示某种测试的失败：

5——MD5 校验码

S——文件尺寸

L——符号连接

T——文件修改日期

D——设备

U——用户

G——用户组

M——模式 e（包括权限和文件类型）

如果有信息输出，应当认真加以考虑，是删除重新安装，还是修正出现的问题。

6. 检查软件包的签名

如果想校验某软件包是否被损坏或篡改过，只需检查 md5。在 Shell 提示下输入下面的命令（把 coolapp 换成 RPM 软件包的文件名）：

rpm -K -nogpg ＜rpm -file＞

会看到消息"＜rpm -file＞:md5 OK"。这条消息意味着文件在下载中没有被损坏。要看到更详细的消息，把命令中的-K 换成-Kvv。

另一方面，创建软件包的开发者是不是值得信任？如果该软件包使用开发者的 GnuPG 钥匙（key）被签名（signed），就会知道这位开发者的身份确实如他们所言。

RPM 软件包可以使用 Gnu 隐私卫士（或称 GnuPG）来签名，从而帮助用户确定下载软件包的可信任性。

GnuPG 是安全通信工具；它是 PGP（一种电子隐私程序）加密技术的完全和免费的替换品。使用 GnuPG，可以验证文档的有效性，在其他通信者之间加密或解密数据。GnuPG 还具有解密和校验 PGP5.x 文件的能力。

在 Red Hat Linux 的安装过程中，GnuPG 被默认安装。这样，用户便可以立即开始使用 GnuPG 来校验其从 Red Hat 收到的软件包。首先，需要导入 Red Hat 的公钥。

（1）导入钥匙

要校验 Red Hat 软件包，必须导入 Red Hat GPG 公钥。要导入公钥，在 Shell 提示下执行以下命令：

rpm -import /usr/share/rhn/RPM-GPG-KEY

要显示用来校验 RPM 而安装的钥匙列表，执行以下命令：

rpm -qagpg -pubkey *

对于 Red Hat 公钥而言，其输出应包括：

gpg -pubkey -db42a60e-37ea5438

要显示关于某一指定钥匙的细节，使用 rpm -qi，其后跟随前一命令的输出：

rpm -qigpg-pubkey-db42a60e-37ea5438

（2）校验软件包的签名

导入了建构者的 GnuPG 公钥后，要检查 RPM 文件的 GnuPG 签名，使用以下命令（把＜rpm -file＞换成 RPM 软件包的名称）：

rpm -K ＜rpm -file＞

如果一切顺利，会看到这条消息：md5 gpg OK。这意味着软件包的签名已被校验，该软件包没有被损坏。

小　结

本章主要介绍了 Linux 软件包的基本原理和基本概念，然后介绍了使用 yum 工具和 RPM 进行软件管理，最后介绍了图形化软件安装和删除工具。

实　验　二　软件安装和卸载

1. 使用 yum 方式安装 tsclient 软件，安装成功后卸载 tsclient 软件。

2. 使用 RPM 方式安装 tsclient 软件，安装成功后卸载 tsclient 软件。

3. 使用图形化方式安装 tsclient 软件，安装成功后卸载 tsclient 软件。

练　习

1. 下列查询 RPM 包的命令错误的是（　　）。

A. -a：查询所有已安装的软件包

B. -i：显示软件包信息

C. -s：显示软件包的个数

D. -c：显示被标记为配置文件的文件列表

2. 为卸载一个软件包，应使用（　　）。

A. rpm -I　　　　　　　B. rpm -e　　　　　　　C. rpm -q　　　　　　　D. rpm -V

3. 利用 yum 安装 Telnet 服务器的方法是（　　）。

A. yum update telnet

B. yum install telnet

C. yum update telnet-server

D. yum install telnet-server

4. RPM 的基本操作模式：安装、删除、_____、查询和_____。

第 10 章
Linux 编程

编辑器是嵌入式操作系统的重要工具之一。Fedora 为了方便不同用户使用,提供了一系列的编辑器,包括 Gedit、Emas 和 Vim 等。Vim 是 vi 的增强版本,由于采用全屏幕交互式,启动快,且支持鼠标,能够胜任所有的文本操作,使得用户的文本编辑更加轻松,受到了广大用户的青睐。本节主要介绍 Vim 的基本使用,包括工作模式、启动、插入模式、光标移动命令、查找和替换等,更为详细的 Vim 操作请参考 Vim 手册。

10.1.1   Vim 的工作模式

Vim 有三种基本工作模式:命令模式(Normal mode)、插入模式(Insert mode)和命令行模式(Command-line mode)。

命令模式:Vim 处理文件时,一进入该文件就是命令模式。在此模式下,用户通过键盘输入的任何字符均被当作命令解释,进行光标移动、删除、复制、粘贴等文件操作。但要注意的是,输入字符必须是合法的 Vim 命令,同时所输入的命令并不在屏幕上面显示出来。

插入模式:在命令模式下,通过按下 i、I、o、O、a、A、r、R 等字母后进入插入模式。在该模式下,用户输入的任何字符均被 Vim 当作文件内容保存起来,并显示在屏幕上。如果要回到命令模式,必须按下 Esc 键,才可以退出插入模式。

命令行模式:主要用来进行文字编辑辅助功能,比如字串查找、替代和保存文件等。在命令模式中输入":"(一般命令)、"/"(正向查找)和"?"(反向查找)等字符,就可以进入命令行模式。在该模式下,若完成了输入的指令或指令出错,就会退出 Vim 或返回命令模式,也可以按 Esc 键返回命令模式。

Vim 编辑器的三种基本工作模式切换如图 10-1 所示。

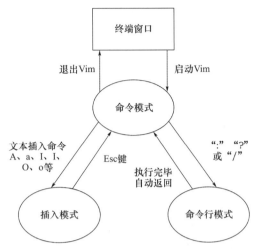

图 10-1 Vim 编辑器的三种基本工作模式切换图

10.1.2 启动 Vim 编辑器

表 10-1 为 Fedora 提供的进入 Vim 编辑器的命令。

表 10-1 进入 Vim 命令

命令	说明
vim filename	打开或新建文件,并将光标置于第一行行首
vim + filename	打开文件,并将光标置于最后一行行首
vim +num filename	打开文件,并将光标置于第 num 行行首
vim +/string filename	打开文件,并将光标置于第一个和 string 匹配的串处
vim -r filename	恢复上次异常退出的文件
vim -R filename	以只读的方式打开文件,但可以强制保存
vim -M filename	以只读的方式打开文件,不可以强制保存
vim filename1 filename2…	打开多个文件,依次进行编辑

10.1.3 插入模式

Vim 启动时,一般处于命令模式,用户输入的任何字符都被视作命令加以解释执行。如果用户需要将输入字符作为文本内容,应先从命令模式切换到插入模式。

(1)插入(insert)

i:从当前光标所在位置之前插入文本。

I:从当前光标所在列的第一个非空字符前插入文本。

(2)新增(append)

a:从当前光标所在位置之后插入文本。

A:从当前光标所在列末尾的地方插入文本。

（3）打开（open）

o：从光标所在行下面新建一行，并将光标置于新行行首插入文本。

O：从光标所在行上面新建一行，并将光标置于新行行首插入文本。

用户也可以用下面命令将其他文件的文本内容插入当前光标所在的位置：

:r filename

也可以在第 n 行插入另一个文件的内容：

:[n]r filename

或者用以下命令将 shell 命令执行的结果插入当前光标所在位置：

:r［shell 命令］

10.1.4　光标移动命令

Vim 的光标移动既可以在命令模式下，也可以在插入模式下，二者的操作方法存在区别。在插入模式下，直接使用键盘上的四个方向键移动光标。在命令模式下，除使用四个方向键移动光标外，还提供了许多移动光标的命令，见表 10-2。

表 10-2　　　　　　　　　　　光标移动命令

命令	说明
h	光标向左移动一个字符
l	光标向右移动一个字符
j	光标向下移动一行
k	光标向上移动一行
w	移动光标到下一个单词的第一个字符
W	移动光标到下一个长单词的第一个字符
e	移动光标到下一个单词的最后一个字符
E	移动光标到下一个长单词的最后一个字符
b	移动光标到前一个单词的第一个字符
B	移动光标到前一个长单词的第一个字符
^	移动光标到行首
$	移动光标到行尾
gg	移动光标到文件头
G	移动光标到文件尾
(	移动光标到句首
)	移动光标到句尾
{	移动光标到段首
}	移动光标到段尾
Ctrl+f	向下滚动整屏
Ctrl+b	向上滚动整屏
Ctrl+u	向上滚动半屏
Ctrl+d	向下滚动半屏

在移动光标的时候,可以在命令之前加上数字,表示重复移动的次数。例如,输入 6h 表示光标向左移动六个字符。

10.1.5　删除、复制和粘贴命令

在命令模式下,可以使用 Vim 提供的各种命令对文本进行修改,包括对文本内容的删除、复制和粘贴等操作。需先利用光标移动命令来定位需要修改的地方,再下命令进行编辑。相关命令见表 10-3。

表 10-3　　　　　　　　　　删除、复制和粘贴命令

命令	说明
x	删除光标处的字符
[n]x	删除光标所在位置开始向右 n 个字符
X	删除光标前面的字符
[n]X	删除光标前面字符开始向左 n 个字符
dd	删除光标所在的行
[n]dd	删除光标所在行及其后 n−1 行的内容
D	删除光标所在位置到行尾的内容
d0	删除光标前面字符开始到行首的内容
dw	删除一个单词
[n]dw	删除 n 个单词
yy	复制光标所在的行
[n]yy	复制光标所在行及其后 n−1 行的内容
y	普遍意义上的复制命令,和移动命令配合使用
p	在光标所在位置之后粘贴最近复制/删除的内容
P	在光标所在位置之前粘贴最近复制/删除的内容

10.1.6　查找和替换命令

在命令模式下,输入"/"或"?",在 Vim 底部会出现一个命令行。输入要查找的内容并按 Enter 键,Vim 会跳转到第一个匹配项。

/string:在后面的文本中查找 string。

?string:在前面的文本中查找 string。

按下"n"向后查找下一个,按下"N"向前查找上一个。此外,要查找光标所在的单词,只要在命令模式下按下"＊"即可。

在查找过程中,加入"\c"表示大小写不敏感查找,"\C"表示大小写敏感查找。Vim 默认采用大小写敏感查找,若要配置为大小写不敏感,只要输入命令":set ignorecase"即可。

替换命令相较于查找命令略微复杂,其完整命令为:

:[range]s/pattern/sting/[c,e,g,i]

该命令将 pattern 代表的字符串替换为 string。开头的 range 用来指定替换作用的

范围,如果不指定 range,则表示当前行。"m,n"表示从第 m 行到第 n 行。"1,$"表示从第一行到最后一行。"%"表示所有行,即全文。

最后方括号内的字符是可选项,"c"表示每次替换前询问,"e"表示不显示错误信息,"g"表示替换一行中的所有匹配项,"i"表示不区分大小写。用户可以组合使用各个选项,例如,"cgi"表示每次替换前要去用户确认,整行替换并且不区分大小写。

10.1.7 撤销和重做命令

撤销命令(Undo),也称复原命令,可以撤销前一次的误操作或不适当操作对文件造成的影响,使之恢复到误操作或不适当操作被执行之前的状态。

在命令模式下,可以通过输入字符"u"和"U"撤销上一命令。"u"的功能是撤销最近一次操作,恢复操作结果,并且可以多次使用"u"命令恢复已进行的多步操作。此外,可以使用 Ctrl+R 操作对"u"命令撤销的操作进行恢复。"U"的功能是撤销对当前行进行的所有操作。

重做命令(Redo),也是一个常用的命令,可以解决文本编辑中经常遇到的机械地重复操作,帮助用户方便地再执行一次前面刚完成的某个复杂的命令。

重做命令只能在命令模式下工作,在该模式下输入"."即可。执行一个重做命令时,结果依赖于光标当前的位置。

10.1.8 保存和退出命令

当文件编辑完成退出 Vim 时,可以使用以下几种方法。

在命令模式下,连按两次大写字母 Z,若当前编辑的文件已被修改过,则 Vim 保存该文件后退出;若当前编辑的文件没有被修改过,则 Vim 直接退出。

在命令行模式下,可以输入以下命令:

(1):q:退出 Vim。如果当前文件已被修改而又没有存盘,则会返回错误信息。

(2):q!:强制退出,不保存对文件所做的修改。

(3):n,mw filename:将第 n 行到第 m 行的文字存放到指定的 filename 中。

(4):w:保存文件。

(5):w<filename>:另存为 filename。

(6):wq:存盘退出。

(7):e<filename>:关闭当前编辑的文件,并开启新的文件。

10.1.9 设置 Vim

Vim 可以通过配置文件进行默认设置。全局的配置文件叫作 vimrc,通常位于/etc/vim 目录下。而用户个人也可以拥有自己独立的配置文件,配置文件位于"~/. vimrc"。如果没有该文件,可以在自己的主目录下创建并编辑。Vim 常用设置见表 10-4,在指令行模式进行输入。

表 10-4　　　　　　　　　　　　Vim 常用设置

命令	说明
:set nu	显示行号
:set nonu	取消显示行号
:set ruler	显示光标位置
:syntax on	显示高亮
:set background＝dark	设置背景颜色为 dark
:set autoindent	自动缩进
:set smartindent	智能缩进
:set hlsearch	搜索内容高亮显示
:set incsearch	实时匹配搜索内容
:set ignorecase	搜索时忽略大小写
:set tabstop＝4	Tab 键的宽度
:set backup	自动备份

10.2　C 语言编译器 GCC

Linux 上可用的 C 编译器是 GNU(GNU′s Not UNIX)C 编译器,它建立在自由软件基金会编程许可证的基础上,因此可以自由发布。Linux 上的 GNU C 编译器(GCC)是一个全功能的 ANCI C 兼容编译器。通过 GCC,由 C 源代码文件生成可执行文件的过程要经历 4 个阶段,分别是预处理、编译、汇编和链接。不同的阶段分别调用不同的工具来实现,GCC 的执行过程如图 10-2 所示。

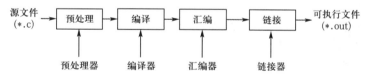

图 10-2　GCC 的执行过程

10.2.1　GCC 的安装

要安装软件 GCC,输入命令:
su -c ′yum install gcc′
当提示时,输入 root 帐号的密码。

10.2.2　GCC 的编译

1. 使用 GCC

通常后跟一些选项和文件名来使用 GCC 编译器。GCC 命令的基本用法如下:
gcc［选项］源文件［目标文件］

命令行选项指定的编译过程中的具体操作。

2. GCC 常用选项

GCC 有超过 100 个的编译选项可用,这些选项中的许多可能永远都不会用到,但一些主要的选项将会频繁使用。很多的 GCC 选项包括一个以上的字符,因此必须为每个选项指定各自的连字符,并且就像大多数 Linux 命令一样不能在一个单独的连字符后跟一组选项。

GCC 常用的选项说明如下:

-o file:编译产生的文件以指定文件名保存。如果 file 没有指定,默认文件名为 a.out。

-I:在 GCC 的头文件搜索路径中添加新的目录。

-L:在 GCC 的库文件搜索路径中添加新的目录。

-c:GCC 仅把源代码编译为目标代码,而不进行函数库链接。完成后输出一个与源文件名相同的,但扩展名为.o 的目标文件。

-O、-O1:GCC 对源代码进行基本优化,编译产生尽可能短、执行尽可能快的代码,但是在编译的过程中,会花费更多的时间和内存空间。

-O2:较-O 选项执行更进一步的优化,但编译过程开销更大。

-g:在编译产生的可执行文件中附加上 GDB 使用的调试信息。

-w:禁止所有的警告。不建议使用此选项。

-Wall:使 GCC 产生尽可能多的警告信息,对找出常见的隐式编程错误有帮助。

-v:显示编译器路径、版本及执行编译的过程。

当不用任何选项编译一个程序时,GCC 将建立(假定编译成功)一个名为 a.out 的可执行文件。

例如:gcc test.c

例如:gcc -o foo test.c

将 test.c 文件编译后生成 foo 的可执行文件。

GCC 也可以指定编译器处理步骤的多少。c 选项告诉 GCC 仅把源代码编译为目标代码而跳过汇编和连接步骤。这个选项使用得非常频繁因为它编译多个 C 程序时速度更快且更易于管理。默认时 GCC 建立的目标代码文件有一个.out 的扩展名。

3. 执行文件

格式:./可执行文件名

例:./a.out

./count

10.2.3　GDB 调试

1. GDB 简介

GDB 是 GNU 开源组织发布的一个强大的 UNIX 下的程序调试工具。或许,大家比较喜欢那种图形界面方式的,像 Visual C++、C++ Builder 等 IDE(Integrated Development Environment)集成开发环境的调试,但如果是在 UNIX 平台下做软件,会发现 GDB 这个调试工具有比 Visual C++、C++ Builder 的图形化调试器更强大的功能。所谓"寸有所长，尺有所短"就是这个道理。一般来说，GDB 主要帮忙完成下面四个方面的功能：

①启动程序，可以按照自定义的要求随心所欲的运行程序。

②可让被调试的程序在所指定的设置的断点处停住(断点可以是条件表达式)。

③当程序被停住时，可以检查此时程序中所发生的事。

④动态地改变程序的执行环境。

2. GDB 使用

一般来说 GDB 主要调试的是 C/C++的程序。要调试 C/C++的程序，首先在编译时，我们必须要把调试信息加到可执行文件中。使用编译器(cc/gcc/g++)的-g 参数可以做到这一点。如：

> gcc -g hello. c -o hello

> g++ -g hello. cpp -o hello

如果没有-g，将看不见程序的函数名、变量名，所代替的全是运行时的内存地址。

3. 启动 GDB

(1)gdb program

program 也就是执行文件，一般在当前目录下。

(2)gdb core

用 GDB 同时调试一个运行程序和 core 文件，core 是程序非法执行后 core dump 后产生的文件。

(3)gdb PID

如果程序是一个服务程序，那么可以指定这个服务程序运行时的进程 ID。GDB 会自动 attach 上去，并调试它。program 应该在 PATH 环境变量中搜索得到。

gdb 启动时，可以加上一些 GDB 的启动开关，详细的开关可以用 gdb -help 查看。

4. 暂停/恢复程序运行

调试程序中，暂停程序运行是必需的，GDB 可以方便地暂停程序的运行。可以设置程序在哪行停住，在什么条件下停住，在收到什么信号时停住等等。以便于查看运行时的变量，以及运行时的流程。

当进程被 GDB 停住时，你可以使用 info program 来查看程序是否在运行、进程号、被暂停的原因。

在 GDB 中，我们可以有以下几种暂停方式：断点(BreakPoint)、观察点(WatchPoint)、捕捉点(CatchPoint)、信号(Signals)、线程停止(Thread Stops)。如果要恢复程序运行，可以使用 c 或是 continue 命令。下面主要介绍断点和观察点的设置。

(1)设置断点(BreakPoint)

break 命令(可以简写为 b)可以用来在调试的程序中设置断点，该命令有如下四种形式：break line-number 使程序恰好在执行给定行之前停止。

break function-name 使程序恰好在进入指定的函数之前停止。

break line-or-function if condition 如果 condition(条件)是真，程序到达指定行或函数时停止。

break routine-name 在指定例程的入口处设置断点。

如果该程序是由很多源文件构成的,可以在各个原文件中设置断点,而不是在当前的源文件中设置断点,其方法如下:

(gdb) break filename:line-number

(gdb) break filename:function-name

要想设置一个条件断点,可以利用 break if 命令,如下所示:

(gdb) break line-or-function if expr

例:

(gdb) break 46 if testsize==100

从断点继续运行:continue 命令。

(2)设置观察点(WatchPoint)

观察点一般用来观察某个表达式(变量也是一种表达式)的值是否发生变化,如果有变化,马上停住程序。有下面的几种方法来设置观察点:

①watch

为表达式(变量)expr 设置一个观察点。一旦表达式值有变化时,马上停住程序。

②rwatch

当表达式(变量)expr 被读时,停住程序。

③awatch

当表达式(变量)的值被读或被写时,停住程序。

④info watchpoints

列出当前所设置的所有观察点。

(3)维护停止点

①显示当前 GDB 的断点信息

(gdb) info break

执行后,会以如下的形式显示所有的断点信息:

Num Type Disp Enb Address What

1 breakpoint keep y 0x000028bc in init_random at qsort2.c:155

2 breakpoint keep y 0x0000291c in init_organ at qsort2.c:168

②删除指定的某个断点

(gdb) delete breakpoint 1

该命令将会删除编号为 1 的断点,如果不带编号参数,将删除所有的断点。

(gdb) delete breakpoint

③禁止使用某个断点

(gdb) disable breakpoint 1

该命令将禁止断点 1,同时断点信息的(Enb)域将变为 n。

④允许使用某个断点

(gdb) enable breakpoint 1

该命令将允许断点 1,同时断点信息的(Enb)域将变为 y。

⑤清除源文件中某一代码行上的所有断点

(gdb)clean number

注：number 为源文件的某个代码行的行号。

(4)恢复程序运行

当程序被停住了,使用 continue 命令恢复程序的运行直到程序结束,或下一个断点到来。也可以使用 step 或 next 命令单步跟踪程序。

continue［ignore-count］

c.［ignore-count］

fg［ignore-count］

恢复程序运行,直到程序结束,或是下一个断点到来。ignore-count 表示忽略其后的断点次数。continue,c,fg 三个命令都是一样的意思。

(5)单步调试

使用 step 命令进行单步跟踪,如果有函数调用,它会进入该函数。进入函数的前提是,此函数被编译有 debug 信息。很像 VC 等工具中的 step in。后面可以加 count 也可以不加,不加表示一条条地执行,加表示执行后面的 count 条指令,然后再停住。

同样使用 next 命令进行单步跟踪,如果有函数调用,它不会进入该函数。很像 VC 等工具中的 step over。后面可以加 count 也可以不加,不加表示一条条地执行,加表示执行后面的 count 条指令,然后再停住。

使用 finish 命令运行程序,直到当前函数完成返回。并打印函数返回时的堆栈地址和返回值及参数值等信息。

使用 until 或 u 命令可以运行程序直到退出循环体。

(6)变量的检查和赋值

whatis：识别数组或变量的类型。

ptype：比 whatis 的功能更强,它可以提供一个结构的定义。

set variable：将值赋予变量。

print：除了显示一个变量的值外,还可以用来赋值。

10.3　Linux 集成开发环境——Eclipse

Eclipse 项目由 Project Management Committee(PMC)所管理,Eclipse 项目分成 3 个子项目：

- 平台-Platform
- 开发工具箱-Java Development Toolkit(JDT)
- 外挂开发环境-Plug-in Development Environment(PDE)

这些子项目又细分成更多子项目。例如 Platform 子项目包含数个组件,如 Compare、Help 与 Search。JDT 子项目包括三个组件：User Interface(UI)、核心(Core) 及调试(Debug)。PDE 子项目包含两个组件：UI 与 Core。

基本上有四种版本可供下载：

1. 发行版(Release builds)

由 Eclipse 开发团队所宣称的主要稳定版本。Release builds 经过完整测试,并具有一致性、定义清楚的功能。它的定位就跟上市的商业软件一样。

2. 稳定版(Stable builds)

比 Release builds 新一级的版本,经由 Eclipse 开发团队测试,并认定它相当稳定。新功能通常会在此过渡版本出现。它的定位就跟商业软件的 beta 版一样。

3. 整合版(Integration builds)

此版本的各个独立的组件已经过 Eclipse 开发团队认定,具稳定度,但不保证整合在一起没问题。若整合在一起够稳定,它就有可能晋级成稳定版。

4. 当日最新版(Nightly builds)

此版本显然是从最新的原始码产生出来的。可想而知,此版本当然不保证它运行起来没问题,搞不好还有严重的 bug。

10.3.1 Eclipse 平台

Eclipse 平台的目的,是提供多种软件开发工具的整合机制,这些工具会成为 Eclipse 外挂程序,平台必须用外挂程序加以扩充才有用处。Eclipse 设计美妙之处,在于所有东西都是外挂,除了底层的核心以外。这种外挂设计让 Eclipse 具备强大扩充性,但更重要的是,此平台提供一个定义明确的机制,让各种外挂程序共同合作,因此新功能可以轻易且无缝地加入平台。

Eclipse 平台是一个具有一组强大服务的框架,这些服务支持插件,比如 JDT 和插件开发环境(PDE)。它由几个主要的部分构成:平台运行库、工作区、工作台、团队支持和帮助,如图 10-3 所示。

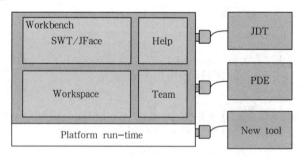

图 10-3　Eclipse 平台体系结构

1. 平台运行库

平台运行库是内核,它在启动时检查已安装了哪些插件,并创建关于它们的注册表信息。为降低启动时间和资源使用,它在实际需要任何插件时才加载该插件。除了内核外,其他每样东西都是作为插件来实现的。

2. 工作区

工作区是负责管理用户资源的插件。这包括用户创建的项目、那些项目中的文件,以及文件变更和其他资源。工作区还负责通知其他插件关于资源变更的信息,比如文件创建、删除或更改。

3. 工作台

工作台为 Eclipse 提供用户界面。它是使用标准窗口工具包(SWT)和一个更高级的 API(JFace)来构建的;SWT 是 Java 的 Swing/AWT GUI API 的非标准替代者,JFace 则建立在 SWT 基础上,提供用户界面组件。

SWT 已被证明是 Eclipse 最具争议的部分。SWT 比 Swing 或 SWT 更紧密地映射到底层操作系统的本机图形功能,这不仅使得 SWT 更快速,而且使得 Java 程序具有更像本机应用程序的外观和感觉。使用这个新的 GUI API 可能会限制 Eclipse 工作台的可移植性,不过针对大多数流行操作系统的 SWT 移植版本已经可用。

Eclipse 对 SWT 的使用只会影响 Eclipse 自身的可移植性——使用 Eclipse 构建的任何 Java 应用程序都不会受到影响,除非它们使用 SWT 而不是使用 Swing/AWT。

4. 团队支持

团队支持组件负责提供版本控制和配置管理支持。它根据需要添加视图,以允许用户与所使用的任何版本控制系统(如果有的话)交互。大多数插件都不需要与团队支持组件交互,除非它们提供版本控制服务。

5. 帮助

帮助组件具有与 Eclipse 平台本身相当的可扩展能力。与插件向 Eclipse 添加功能相同,帮助提供一个附加的导航结构,允许工具以 HTML 文件的形式添加文档。

10.3.2　Eclipse 安装

要安装软件 Eclipse,输入命令:

su -c ′yum install eclipse′

当提示时,输入 root 帐号的密码。

10.3.3　Eclipse 界面

在第一次打开 Eclipse 时,首先看到的是运行屏幕。稍等片刻,就进入了 Eclipse 工作平台,如图 10-4 所示。这是操作 Eclipse 时会碰到的基本图形接口,工作平台是启动 Eclipse 后出现的主要窗口,工作平台的作用很简单:它只负责如何找到项目与资源(如档案与数据夹),而不担任如何编辑、执行、除错等职责,若有它不能做的工作,则把该工作转移给其他组件,例如 JDT。

Eclipse 工作平台由几个称为视图(view)的窗格组成,下面是几个主要的视图窗口:

(1)Navigator 视图:Navigator 视图允许我们创建、选择和删除项目。

(2)编辑器区域:Navigator 右上侧的窗格是编辑器区域,取决于 Navigator 中选定的文档类型,一个适当的编辑器窗口将在这里打开。如果 Eclipse 没有注册用于某特定文档类型(例如 Windows 系统上的.doc 文件)的适当编辑器,Eclipse 将设法使用外部编辑器来打开该文档。

(3)Outline 视图:编辑器区域右侧的 Outline 视图在编辑器中显示文档的大纲;这个大纲的准确性取决于编辑器和文档的类型;对于 Java 源文件,该大纲将显示所有已声明的类、属性和方法。

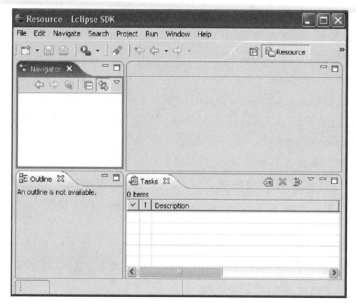

图 10-4　Eclipse 界面

（4）选项卡视图：选项卡视图（Problems、Declaration 和 Console）收集关于我们正在操作的项目的信息；可以是 Eclipse 生成的信息，比如编译错误，也可以是我们手动添加的任务。该工作平台的大多数其他特性，例如菜单和工具栏，都应该和其他那些熟悉的应用程序类似。

Eclipse 还附带了一个完美的帮助系统，其中包括 Eclipse 工作平台以及所包括的插件（例如 Java 开发工具）的用户指南。至少浏览一遍这个帮助系统是值得的，这样可以看到有哪些可用的选项，同时也可以更好地理解 Eclipse 的工作流程。

10.3.4　C++程序设计

Linux 是一个以 C/C++开发为主的平台，无论是 Kernel 或是 Application，主要都使用 C/C++开发。传统在 Linux 下开发程序，是在文字模式下，利用 vi 等文字编辑器撰写 C/C++程序存盘后，在 Command Line 下使用 GCC 编译，若要 Debug，则使用 GDB。

这种开发方式生产力并不高，若只是开发学习用的小程序则影响不大，但若要开发大型项目时，程序文件个数众多，需要用 Project 或 Solution 的方式管理；且 Debug 时断点的加入，单步执行，观察变量变化等，都需要更可视化的方式才能够增加生产力；最重要的，由于现在的程序语言皆非常的庞大，又有复杂的函数库，要程序员熟记所有的程序语法和 Function 名称，实在很困难，所以语法提示（Intellisense）的功能就非常重要，这些就必须靠 IDE 来达成。下面介绍如何使用 Eclipse 进行 C++程序开发。

1. 建立 Hello Word Project

（1）"File"→"New"→"Project"建立 C/C++ Project，如图 10-5 所示。

（2）选择 Managed Make C++ Project（若选择 Managed Make C++ Project，Eclipse 会自动为我们建立 makefile；若选择 Standard Make C++ Project，则必须自己写 makefile），如图 10-6 所示。

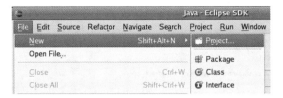

图 10-5　新建 C++项目

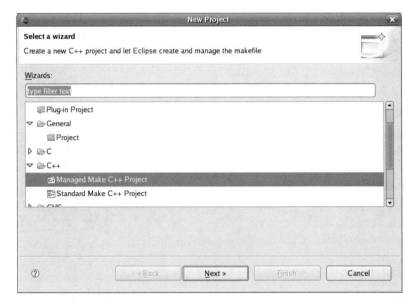

图 10-6　新建 C++项目向导第一步

（3）输入 Project name，如图 10-7 所示。

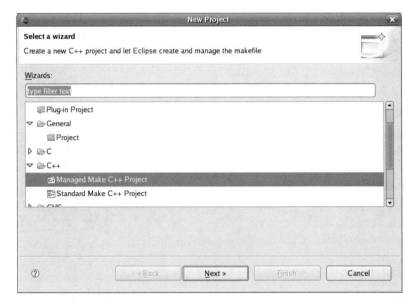

图 10-7　新建 C++项目向导第二步

（4）选择 Project 类型，如执行档或 Library，这里选择执行档即可，如图 10-8 所示。

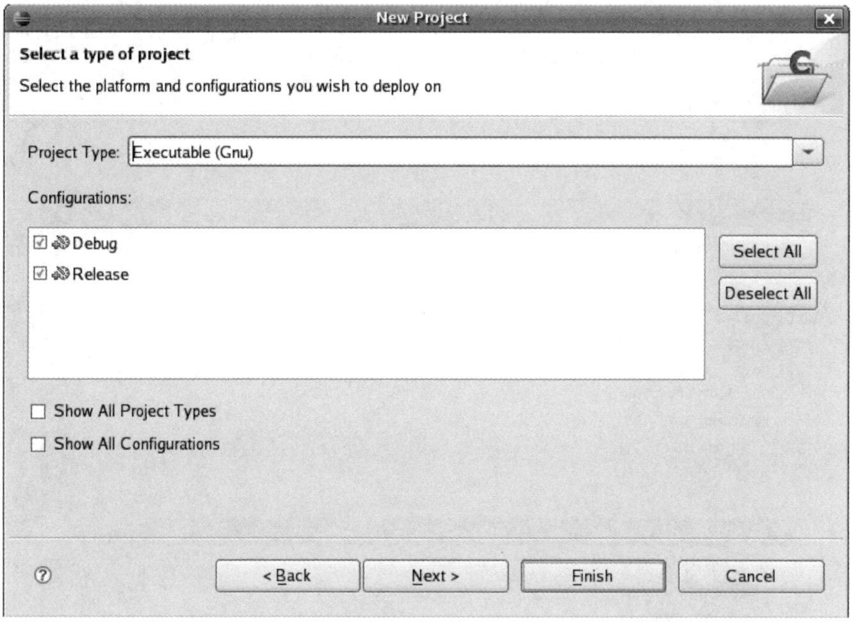

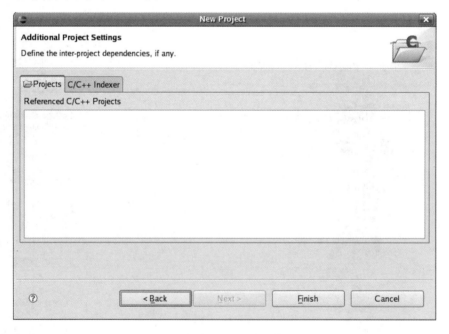

图 10-8　新建 C++ 项目向导第三步

（5）额外的设定，如图 10-9 所示。

图 10-9　新建 C++ 项目向导第四步

（6）Open Associated Perspective？选 Yes 继续，如图 10-10 所示。

（7）建立 C++ Source File，如图 10-11 所示。

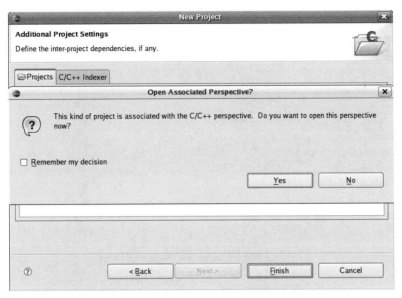

图 10-10 新建 C++项目向导第五步

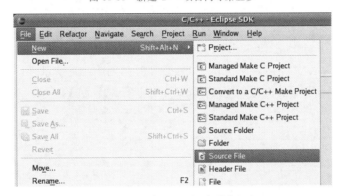

图 10-11 新建 C++项目向导第六步

(8)输入"Source Folder"和"Source File"名称,如图 10-12 所示。

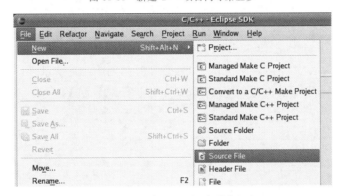

图 10-12 新建 C++项目向导第七步

（9）输入 C++程序代码，如图 10-13 所示。

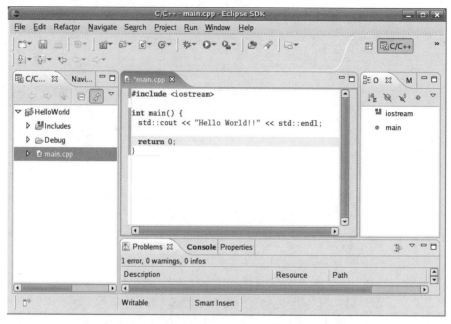

图 10-13　编辑 C++程序

（10）执行程序，结果显示在下方的 Console 区，如图 10-14 所示。

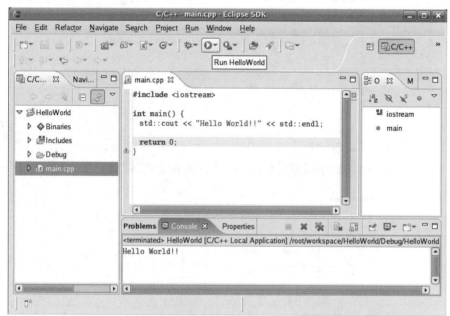

图 10-14　执行 C++程序

2. 在 Eclipse CDT 中 Debug C/C++程序

（1）在 Eclipse 中 Debug，就如同在一般 IDE 中 Debug 一样，只要在程序代码的左方按两下，就可加入 breakpoint，如图 10-15 所示。

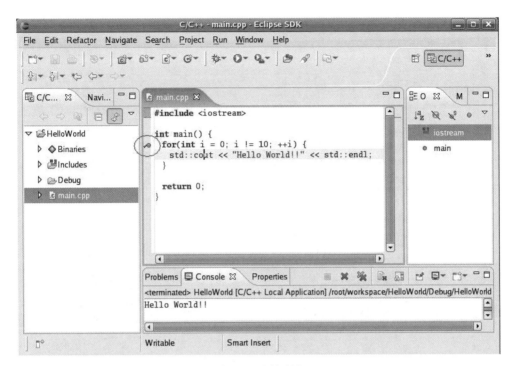

图 10-15　添加断点

（2）启动 Debug，如图 10-16 所示。

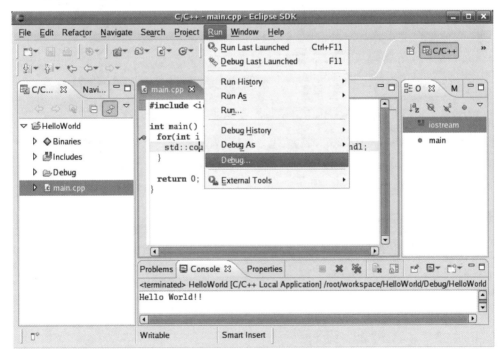

图 10-16　启动 Debug

（3）Debug 设定，按 Debug 开始调试，如图 10-17 所示。

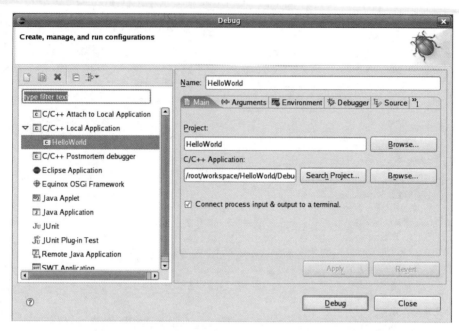

图 10-17　Debug 选项

（4）单步执行，显示变量变化，如图 10-18 所示。

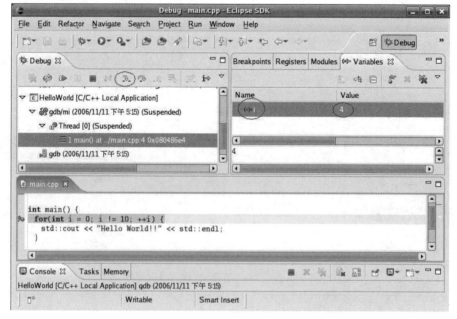

图 10-18　调试过程中变量值查看

10.3.5　Java 程序设计

在 Eclipse 中做任何事之前，都必须新增一个项目。Eclipse 可通过外挂支持数种项目（如 EJB 或 C/C++），预设支持下列三种项目，如图 10-19 所示。

- Java Project - Java 开发环境
- Plug-in Project - 自行开发 Plug-in 的环境
- Simple Project - 提供操作文件的一般环境

图 10-19　新建项目向导

1. 建立 Java 项目

新增 Java 项目的步骤：

(1)选择"File"→"New"→"Project"。

(2)在 New Project 对话框中选择 Java Project，如图 10-20 所示。

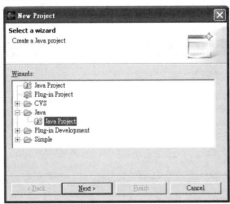

图 10-20　新建 Java 项目

(3)在 New Java Project 的窗口中输入 Project name，如图 10-21 所示。

(4)在 Project layout 中可以选择编译好的文件是否要和原始档放在同一个目录下，如图 10-21 所示。

(5)单击"Finish"按钮。

2. 建立 Java 类

新增 Java 类的步骤：

(1)选择"File"→"New"→"Class"。

(2)在 New Java Class 窗口中，Source Folder 字段默认值是项目的数据夹，不需要更改。

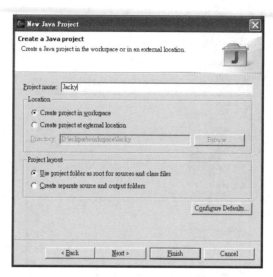

图 10-21　输入新建 Java 项目名称

（3）在 Package 字段输入程序套件的名称。

（4）在 Name 字段输入 Hello。

（5）在 Which method stubs would you like to create 的部分，勾选 public static void main(String[] args)和 Inherited abstract methods。

（6）单击"Finish"按钮，会依套件新增适当的目录结构及 Java 原始文件，如图 10-22 所示。

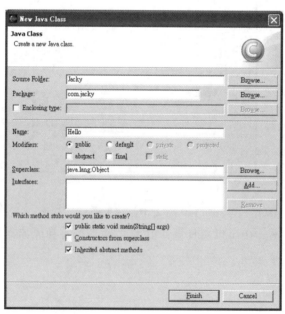

图 10-22　新建 Java 类

- 在 Package Explorer 的视图中可以看到程序的结构。
- 在 Navigator 的视图中可以看到套件的目录架构。

3. 执行 Java 程序

大多数的程序不需特定执行配置,首先确定要执行的程序代码在编辑器中有选到(页签变蓝色),再执行下列步骤:

(1)选择单选"Run"→"Run As"→"Java Application"。

(2)若有修改过程序,Eclipse 会询问在执行前是否要存档。

(3)Tasks 试图会多出 Console 页签并显示程序输出。

程序若要传参数或是要使用其他的 Java Runtime 等等,则需要设定程序启动的相关选项,执行程序前,新增一个配置或选用现有的配置。

(1)选择"Run"→"Run",开启 Run 的设定窗口,如图 10-23 所示。

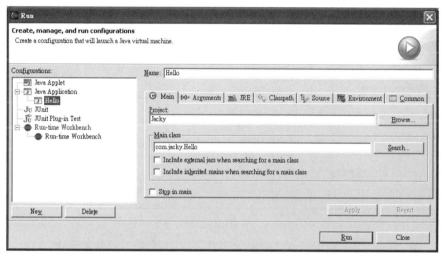

图 10-23 执行 Java 中 Main 选项

• Main 标签用以定义所要启动的类别。请在项目字段中,输入内含所要启动之类别的项目名称,并在主要类别字段中输入主要类别的完整名称。如果想要程序每当在除错模式中启动时,在 main 方法中停止,请勾选 Stop in main 勾选框。

• 附注:不必指定一个项目,但这样做可以选择预设类别路径、来源查阅路径,以及 JRE。

• 自变量(Arguments)标签用以定义要传递给应用程序与虚拟机器(如果有的话)的自变量。也可以指定已启动应用程序要使用的工作目录。

• JRE 卷标用以定义执行或除错应用程序时所用的 JRE。可以从已定义的 JRE 选取 JRE,或定义新的 JRE。

• 类别路径(Classpath)卷标用以定义在执行或除错应用程序时所用类别文件的位置。依预设,使用者和 bootstrap 类别位置是从相关联项目的建置路径衍生而来。可以在这里置换这些设定。

• 程序文件(Source)卷标用以定义当除错 Java 应用程序时,用来显示程序文件之程序文件的位置。依预设,这些设定是从相关联项目的建置路径衍生而来。可以在这里置换这些设定。

• 环境(Environment)标签会定义在执行 Java 应用程序或者对它进行除错时，所要使用的环境变量值。依预设，这个环境是继承自 Eclipse 执行时期。可以置换或附加至继承的环境。

• 共享(Common)卷标定义有关启动配置的一般信息。可以选择将启动配置保存在特定文件，以及指定当启动配置启动时，哪些透视图将变成作用中。

（2）在 Arguments 的页签中输入要传入的值，若是多值的话，用空格键隔开。如图 10-24、图 10-25 所示。

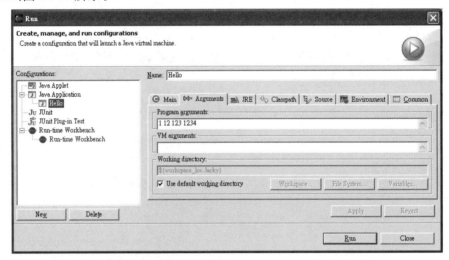

图 10-24　执行 Java 中参数选项

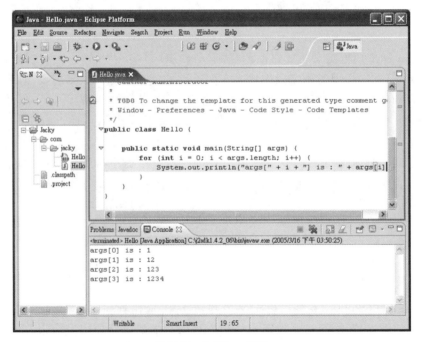

图 10-25　执行 Java 程序

小 结

本章首先介绍了 GCC 编译器和 GDB 调试工具的使用,然后介绍了 Linux 集成开发环境——Eclipse 的使用,最后详细讲述了如何利用 Eclipse 进行 C++ 和 Java 程序设计。

实 验 Linux 编程

1.使用 C++ 语言编写数组冒泡排序算法,分别用 GCC 编译器和 Eclipse 进行编译、运行。

2.使用 Java 语言编写数组冒泡排序算法,用 Eclipse 进行编译、运行。

练 习

1.求一个 3×3 的整型矩阵对角线元素之和,分别用 C++ 和 Java 实现。

2.将一个数组中的值按逆序重新存放。例如,原来顺序为 9,3,5,7,1;改为 1,7,5,3,9。分别用 C++ 和 Java 实现。

3.输入一行文字,找出其中大写字母、小写字母、空格、数字以及其他字符各有多少?

4.从键盘输入一串数字,如 1234,要求将该数字逆置,输出为 4321,分别用 C++ 和 Java 实现。

5.输出 200～300 的素数,要求每行输出 5 个素数,分别用 C++ 和 Java 实现。

第 11 章
Shell 编程

11.1 Shell 简介

在 Linux 系统中，虽然有各种各样的图形化接口工具，但是 Shell 仍然是一个非常灵活的工具。Shell 不仅仅是命令的收集，而且是一门非常棒的编程语言。通过使用 Shell 可以使大量的任务自动化，Shell 特别擅长系统管理任务，尤其适合那些易用性、可维护性和便携性等比效率更重要的任务。

Shell 是用户和 Linux 内核之间的接口程序，如果把 Linux 内核想象成一个球体的中心，Shell 就是围绕内核的外层。当从 Shell 或其他程序向 Linux 传递命令时，内核会做出相应的反应。

Shell 本身是用 C 语言编写的程序，它为用户使用 Linux 系统提供了便捷。Shell 既是一种命令语言，又是一种程序设计语言。它虽然不是 Linux 系统核心的一部分，但它调用了系统核心的大部分功能来执行程序、建立文件且以并行的方式来协调各个程序。因此，对于 Linux 系统的使用者来说，Shell 是最重要的实用程序。

Shell 基本上是一个命令解释器，类似于 DOS 下的 command.com。它接收用户命令（如 ls 等），然后调用相应的应用程序。较为通用的 Shell 有标准的 Bourne Shell(sh)和 C Shell(csh)。

Shell 提供了用户与操作系统之间通信的方式。这种通信以交互方式（从键盘输入，并且可以立即得到响应），或者以 Shell script(非交互)方式执行。

交互式模式就是 Shell 等待输入，并且执行提交的命令。这种模式被称作交互式是因为 Shell 与用户进行交互。这种模式也是大多数用户非常熟悉的：登录、执行一些命令、签退。当签退后，Shell 也终止。

Shell 也可以运行在另外一种模式：非交互式模式。Shell script 是放在文件中的一串 Shell 和操作系统命令，它们可以被重复使用。本质上，Shell script 是命令行命令简单地组合到一个文件里面。在这种模式下，Shell 不进行交互，而是读取存放在文件中的命令，并且执行它们。当它读到文件的结尾，Shell 也就终止了。

11.2 Shell 程序的执行和调试

Linux 系统中有多种不同的 Shell，但通常使用 bash(Bourne Again Shell)进行 Shell 编程，因为 bash 是免费的并且很容易使用。所以在本实验中都是使用 bash 进行 Shell 编程。和其他程序设计语言一样，可使用任意一种文字编辑器来编写 Shell 程序，比如 nedit、kedit、Emacs、vi 等。

在 bash 的 Shell 程序设计中，程序必须以下面的行开始：

＃！/bin/sh

这里的＃！用来告诉系统，后面给出的参数是用来执行该文件的程序。在系统中规定，执行 bash 的程序就是/bin/sh。当编辑完一个 Shell 脚本后，要使该脚本能够执行，还必须使该脚本文件具有可执行权。由前面所学我们知道要使脚本可执行，需要执行命令：

chmod ＋ x filename

这里的 filename 是所设计的 Shell 程序文件名。

在 Shell 程序中，以"＃"开头到一个行结束的句子表示注释信息。建议读者在编写 Shell 程序时养成添加注释的习惯，因为注释不仅能给其他需要熟悉程序的人以帮助，也能对脚本编写者给出设计原理的提示。

11.3 环境变量与 Shell 变量

为使 Shell 编程更加有效，系统提供了一些 Shell 变量。Shell 变量可以保存诸如路径名、文件名或者一个数字这样的变量名。从这点上可以得出一个结论：在 Shell 编程中，变量至关重要。

11.3.1 环境变量

1.设置环境变量

VARIABLE-NAME＝value;export VARIABLE-NAME

在两个命令之间是一个分号，也可以这样写：

VARIABLE-NAME＝value
export VARIABLE-NAME

2.显示环境变量

显示环境变量与显示本地变量一样，用 echo 命令即可。使用 env 命令可以查看所有的环境变量。

3.清除环境变量

使用 unset 命令清除环境变量。
unset VARIABLE-NAME

4. set 命令

在＄HOME/. profile 文件中设置环境变量时,还有另一种方法导出这些变量。使用 set 命令- a 选项,即 set a 指明所有变量直接被导出。不要在/etc/profile 中使用这种方法,最好只在自己的＄HOME/. profile 文件中使用。

11.3.2 Shell 变量

1. 显示变量

使用 echo 命令可以显示单个变量取值,并在变量名前加＄,例如:

echo ＄LOGNAME

＄dave

可以结合使用变量,下面将错误信息和环境变量 LOGNAME 设置到变量 error-msg。

＄ERROR_MSG＝″sorry, there is not ＄LOGNAME″

＄echo ″＄ERROR_MSG″

＄sorry, there is not dave

上面例子中,Shell 首先显示文本,然后查找变量＄LOGNAME,最后扩展变量以显示整个变量值。

2. 清除变量

使用 unset 命令清除变量。

＄TMP_VAR＝ foo

＄echo ＄｛ TMP_VAR ｝

foo

＄unset TMP_VAR

＄echo ＄｛ TMP_VAR ｝

3. 显示所有本地 Shell 变量

使用 set 命令显示所有本地定义的 Shell 变量。

set 输出可能很长。查看输出时可以看出 Shell 已经设置了一些用户变量以使工作环境更加容易使用。

4. 结合变量值

将变量结合在一起:

echo ＄｛variable-name1｝＄｛ variable-name2｝

＄TMP_VAR1＝′Hello,′

＄TMP_VAR2＝′World′

＄echo ＄｛ TMP_VAR1｝＄｛ TMP_VAR2｝

Hello,World

5. 测试变量是否已经设置

有时要测试是否已设置或初始化变量。如果未设置或初始化,就可以使用另一值。此命令格式为:

＄｛variable:-value｝

即如果设置了变量值,则使用它,如果未设置,则取新值。例如:

$ color=blue

$ echo "The sky is ${color:-grey} today"

The sky is blue today

变量 color 取值 blue,echo 打印变量 color 时,首先查看其是否已赋值,如果查到,则使用该值。现在清除该值,再来看看结果。

$ color=blue

$ unset color

$ echo "The sky is ${color:-grey} today"

The sky is grey today

上面的例子并没有将实际值传给变量,需使用下述命令完成此功能:

${variable:=value}

6. 使用变量来保存系统命令参数

可以用变量保存系统命令参数的替换信息。下面的例子使用变量保存文件拷贝的文件名信息。变量 source 保存 passwd 文件的路径。

$ source="/etc/passwd"

$ cd $ source

7. 设置只读变量

如果设置变量时,不想再改变其值,可以将之设置为只读方式。如果有人包括用户本人想要改变它,则返回错误信息。格式如下:

variable-name=value

readonly variable-name

设为只读后,任何改变其值的操作将返回错误信息。要查看所有只读变量,使用命令 readonly 即可。

8. 将变量导出到子进程

Shell 新用户碰到的问题之一是定义的变量如何导出到子进程。前面已经讨论过环境变量的工作方式,现在用脚本实现它,并在脚本中调用另一脚本(这实际上创建了一个子进程)。以下是两个脚本列表 father 和 child。father 脚本设置变量 FILM,取值为 A Few Good Men,并将变量信息返回屏幕,然后调用脚本 child,这段脚本显示第一个脚本里的变量 FILM,然后改变其值为 Die Hard,再将其显示在屏幕上,最后控制返回 father 脚本,再次显示这个变量。

$ more father

#! /bin/sh

father script

echo "this is the father"

FILM="A Few Good Men"

echo "I like the film: $ FILM"

call the child script

. /child

echo "back to father"

```
echo "and the film is: $ FILM"
$ more child
#! /bin/sh
# child script
echo "called from father..i am the child"
echo "film is: $ FILM"
FILM="Die Hard"
echo "changing film to: $ FILM"
```

看看脚本显示结果：

```
this is the father
I like the film:A Few Good Men
./child:line 1:child:command not found
called from father..i am the child
film is:
changing film to:Die Hard
back to father
and the film is:A Few Good Men
```

因为在 father 中并未导出变量 FILM,因此 child 脚本不能将 FILM 变量返回。如果在 father 脚本中加入 export 命令,以便 child 脚本知道 FILM 变量的取值,这就会工作：

```
$ more father2
#! /bin/sh
# father2 script
echo "this is the father"
FILM="A Few Good Men"
echo "I like the film: $ FILM"
# call the child script
# but export variable first
export FILM
./child
echo "back to father"
echo "and the film is: $ FILM"
$ ./father2
this is the father
I like the film:A Few Good Men
called from father..i am the child
film is:A Few Good Men
changing film to:Die Hard
back to father
and the film is:A Few Good Men
```

因为在脚本中加入了 export 命令,因此可以在任意多的脚本中使用变量 FILM,它们均继承了 FILM 的所有权。

9. 向系统命令传递参数

可以在脚本中向系统命令传递参数。下面的例子中，在 find 命令里，使用 $1 参数指定查找文件名。

```
$ more findfile
#! /bin/sh
#findfile
find / -name $1 -print
```

另一个例子中，以 $1 向 grep 传递一个用户 id 号，grep 使用此 id 号在 passwd 中查找用户全名。

```
$ more who_is
#! /bin/sh
#who_is
grep $1 passwd | awk -F:{print $4}
```

10. 特定变量参数

既然已经知道了如何访问和使用 Shell 脚本中的参数，多知道一点相关信息也是很有用的，有必要知道脚本运行时的一些相关控制信息，这就是特定变量的由来。共有 7 个特定变量：

$#：传递到脚本的参数个数。

$*：以一个单字符串显示所有向脚本传递的参数。与位置变量不同，此选项参数可超过 9 个。

$$：脚本运行的当前进程 ID 号。

$!：后台运行的最后一个的进程 ID 号。

$@：与 $# 相同，但是使用时加引号，并在引号中返回每个参数。

$-：显示 Shell 使用的当前选项，与 set 命令功能相同。

$?：显示最后命令的退出状态。0 表示没有错误，其他任何值表明有错误。

特定变量的输出使用用户获知更多的脚本相关信息。可以检查传递了多少参数，进程相应的 ID 号，以免我们想杀掉此进程。

11.4 条件测试

写脚本时，经常要判断字符串是否相等，检查文件状态或是数字测试等。Shell 提供了对字符串、文件、数值及逻辑操作等内容的条件测试的支持。

11.4.1 测试文件状态

test 一般有两种格式，即：

test condition 或 [condition]

使用方括号时，要注意在条件两边加上空格。

一般采用第 2 种方式，比较方便。

测试文件状态的条件表达式很多,下面是一个常用的文件状态列表。

-a 文件存在。

-b 文件存在并且是块文件。

-c 文件存在并且是字符文件。

-d 文件存在并且是目录。

-s 文件长度大于 0、非空。

-f 文件存在并且是正规文件。

-w 文件存在并且可写。

-l 文件存在并且符号连接。

-u 文件有 suid 位设置。

-r 文件存在并且可读。

-x 文件存在并且可执行。

file1 -nt file2 file1 的修改时间比 file2 的修改时间晚,或者是 file1 存在,file2 不存在。

file1 -ot file2 file1 的修改时间比 file2 的修改时间早,或者是 file2 存在,file1 不存在。

注意:0 表示成功,其他为失败。

例:

```
[test@test ~]$ ll test. txt
-rw-rw-r-- 1 test test 3 2008-08-22 16:30 test. txt
[test@test ~]$ [ -f test. txt ]
[test@test ~]$ echo $?
0
[test@test ~]$ [ -d test. txt ]
[test@test ~]$ echo $?
1
```

11.4.2　逻辑操作符

测试文件状态是否为 OK,但是有时要比较两个文件状态。Shell 提供三种逻辑操作完成此功能。

-a 逻辑与,操作符两边均为真,结果为真,否则为假。

-o 逻辑或,操作符两边一边为真,结果为真,否则为假。

! 逻辑非,条件为假,结果为真。

例:

```
[test@test ~]$ ll test. txt
-rw-rw-r-- 1 test test 3 2008-08-22 16:30 test. txt
[test@test ~]$ [ -f test. txt -a -s test. txt ]
[test@test ~]$ echo $?
0
```

test. txt 是一个普通文件，并且内容不为空，测试成功。

［test@test ～］$［ -f test. txt -a -x test. txt ］

［test@test ～］$ echo $?

1

test. txt 不可执行，所以为假。

11.4.3　字符串测试

字符串测试是错误捕获很重要的一部分，特别在测试用户输入或比较变量时尤为重要。

字符串测试有 5 种格式：

test ″string″

test string_operator ″string″

test ″string″ string_operator ″string″

［ string_operator string ］

［ string string_operator string ］

这里，string_operator 可为：

＝：两个字符串相等。

!＝：两个字符串不等。

-z：空串。

-n：非空串。

要测试环境变量 EDITOR 是否为空：

$［ -z $EDITOR ］

$ echo $?

1

非空，取值是否是 vi：

$［ $EDITOR ＝ ″vi″ ］

$ echo $?

1

用 echo 命令反馈其值：

$ echo $EDITOR

vi

测试变量 var1 与变量 var2 是否相等：

$［ ″$var1″ ＝ ″$var2″ ］

没有规定在设置变量时一定要用双引号，但在进行字符串比较时必须这样做，否则可能会出错，比如

var1＝″″

var＝″test″

此时，［ $var1 ＝ $var2 ］语句会解析成［ ＝ test ］，因此会出现语法错误，输出错误提示：

bash：［：＝：unary operator expected

11.4.4 测试数值

测试数值可以使用许多操作符,一般格式如下:

"number" numeric_operator "number"

或者

["number" numeric_operator "number"]

numeric_operator 可为:

-eq:数值相等。

-ne:数值不相等。

-gt:第一个数大于第二个数。

-lt:第一个数小于第二个数。

-le:第一个数小于等于第二个数。

-ge:第一个数大于等于第二个数。

例:

```
$ value＝15
$［ $ value -eq 15 ］
$ echo $ ?
0
$［ $ value -eq 16 ］
$ echo $ ?
1
```

11.5 控制流结构

11.5.1 选择结构

1. if then else 语句

结构形式如下:

```
if 条件 1
then
    命令 1
elif 条件 2
then
    命令 2
else
    命令 3
fi
```

下面给出一个条件判断的典型示例。

```
#! /bin/bash
# if test
if ["10" -lt "12"]
then
echo 10 is less than 12
fi
```

2. case 语句

结构形式如下：

```
case 值 in
模式 1)
命令 1
;;
模式 2)
命令 2
;;
esac
```

下面给出一个条件判断的典型示例。

```
#! /bin/bash
# case select
echo -n "Enter a number from 1 to 3:"
read ANS
case $ANS in
1)
echo "You select 1"
;;
2)
echo "You select 2"
;;
3)
echo "You select 3"
;;
*)
echo "'basename $0':This is not between 1 and 3">&2
exit;
;;
esac
```

11.5.2 循环结构

1. for 循环

for 变量名 in 列表

```
do
命令1
命令2
done
```

下面给出一个条件判断的典型示例。

```
#！/bin/bash
# forlist
for loop in 1 2 3 4 5    //注意这里数字间是一个空格
do
echo $loop
done
```

2. until 循环

until 循环就是通常所说的直到型循环,结构形式如下:

```
until 条件
do
命令
done
```

下面给出一个 until 循环的典型示例。

```
#！/bin/sh
# until_mon
part="/backup"
LOOK_OUT='df |grep "$part" |awk '{print $5}'|sed 's/%//g''
echo $LOOK_OUT
until["$LOOK_OUT" -GT "90"]
do
echo "Filesystem/backup is nearly full"|mail root
done
```

3. while 循环

```
while 命令
do
命令1
命令2
done
```

下面给出一个 while 循环的典型示例。

```
#！/bin/bash
# whileread
echo "按 ctrl+D 退出输入。"
while echo -n "输入你最喜欢的电影:";read FILM
do
```

echo "yes，$FILM 是一部好电影!"

done

4. 使用 break 和 continue 控制循环

使用 break 语句跳出循环的例子:

```
$ cat breakexample.sh
#! /bin/bash
while；
do
    read string
    if [ $ ? ! = 0 ]; then
        break
    fi
done
```

该脚本将一直执行,除非按下 Ctrl 键。

下面是一个使用 continue 的例子。

```
#! /bin/sh
for (i=0; i<20; i= $i+1)
do
echo -n $i
if [ $i -lt 10 ]; then
echo ''
continue
fi
echo 'this is a two digital numeric'
done
```

11.6 Shell 内嵌命令

Shell 内嵌命令是在实际 B-Shell 里创建的,而不是存在于/bin 或 usr/bin 目录里。嵌入命令比系统里的相同命令执行得快。

下面给出标准的内嵌命令:

：:空,永远返回为 true。

. :从当前 Shell 中执行操作。

break:退出 for、while、until 或 case 语句。

cd:改变到当前目录。

continue:执行循环的下一步。

echo:反馈信息到标准输出。

eval:读取参数,执行结果命令。

exec:执行命令,但不在当前 Shell。

exit：退出当前 Shell。

export：导出变量，使当前 Shell 可利用它。

pwd：显示当前目录。

read：从标准输入读取一行文本。

readonly：使变量只读。

return：退出函数并带有返回值。

set：控制各种参数到标准输出的显示。

shift：命令行参数向左偏移一个。

test：评估条件表达式。

times：显示 Shell 运行过程的用户和系统时间。

trap：当捕获信号时运行指定命令。

ulimit：显示或配置 Shell 资源。

umask：显示或配置缺省文档创建模式。

unset：从 Shell 内存中删除变量或函数。

wait：等待直到子进程运行完毕，报告终止。

上面介绍的都是常用的也是比较简单的 Shell 命令，关于一些高级的命令在此就不再叙述，读者可以查看相关书籍。

11.7 Shell 函数

Shell 允许将一组命令集或语句形成一个可用块，这些块称为 Shell 函数。函数由两部分组成：函数标题、函数体。

标题是函数名，函数体是函数内的命令集合。标题名应该唯一，如果不唯一，将会混淆结果，因为在查看调用脚本前会先搜索函数调用响应的 Shell。

（1）函数格式

函数名（）

｛

    命令 1

    ……

｝

或者：

函数名（）｛

    命令 1

    ……

｝

两种方式都可行。如果愿意，可在函数名前加上关键字 function，这取决于使用者需求。

```
function 函数名()
{
    命令 1
    ……
}
```

(2)在脚本中定义函数

以下是一个简单函数：

```
#!/bin/bash
hello()
{
    echo "Hello there today's date is 'date'"
}
```

(3)在脚本中使用函数

```
#!/bin/bash
hello()
{
    echo "Hello there today's date is 'date'"
}
```

运行脚本：

```
$ sh func1.sh
Hello there today's date is Tue Sep 11 11:41:21 CST 2007
```

11.8 Shell 实例

使用 Shell 能够实现许多功能，下面通过几个实例加以说明。

1. 用 bash shell 编程实现功能：复制当前文件夹下的可执行文件到/home/backup 目录中。

```
#!/bin/sh
for filename in 'ls'
do
if [ -x $filename ]; then
    cp $filename /home/backup/ $filename
    if [ $? -ne 0 ]; then
        echo "copy for $filename failed"
    fi
fi
done
```

首先通过 ls 命令循环查找当前目录所有文件，将文件属性是可执行(x)文件使用 cp 命令复制到指定文件夹，如果某文件复制失败，则提示。

2. 写一个脚本,利用循环计算 10 的阶乘。

```
#! /bin/sh
factorial=1
for a in 'seq 1 10'
do
     factorial='expr $ factorial \ * $ a'
done
echo "10! = $ factorial"
```

首先循环变量 a 取 1~10,然后利用循环进行求阶乘,最后显示 factorial 阶乘值。

3. 写一个脚本,利用循环和 continue,计算 100 以内能被 3 整除的数之和。

```
#! /bin/sh
sum=0
for a in 'seq 1 100'
do
     if [ 'expr $ a % 3' -ne 0 ]
     then
          continue
     fi
     sum='expr $ sum + $ a'
     echo $ sum
done
#
```

该 Shell 脚本主要通过 for 循环 1~100 整数,如果该数能够被 3 整除,则求和,否则通过 continue 语句进行下一个数的判断。

4. 写一个函数,利用 shift 计算所有参数乘积,假设参数均为整数(特殊变量 $ # 表示包含参数的个数)。

```
#! /bin/sh
result=1
while [ $ # -gt 0 ]
do
     result='expr $ result \ * $ 1'
     shift
done
echo $ result
```

该 Shell 脚本通过 while 循环,对所有参数进行乘积,最后显示乘积结果。

5. 二进制到十进制的转换。

```
#! /bin/sh
# vim:set sw=4 ts=4 et:
help()
{
     cat << HELP
```

```
    b2d -- convert binary to decimal
    USAGE：b2d [-h] binarynum
    OPTIONS：-h help text
    EXAMPLE：b2d 111010
    will return 58
    HELP
    exit 0
}
error()
{
    # print an error and exit
    echo "$ 1"
    exit 1
}
lastchar()
{
    # return the last character of a string in $ rval
    if [ -z "$ 1" ]; then
        # empty string
        rval=""
        return
    fi
    # wc puts some space behind the output this is why we need sed：
    numofchar='echo -n "$ 1" | sed 's/ //g' | wc -c '
    # now cut out the last char
    rval='echo -n "$ 1" | cut -b $ numofchar'
}
chop()
{
    # remove the last character in string and return it in $ rval
    if [ -z "$ 1" ]; then
        # empty string
        rval=""
        return
    fi
    # wc puts some space behind the output this is why we need sed：
    numofchar='echo -n "$ 1" | wc -c | sed 's/ //g' '
    if [ "$ numofchar" = "1" ]; then
        # only one char in string
        rval=""
        return
    fi
}
```

```
        numofcharminus1='expr $ numofchar "-" 1'
        # now cut all but the last char:
        rval='echo -n "$ 1" | cut -b - $ numofcharminus1'
}
while [ -n "$ 1" ]; do
case $ 1 in
    -h) help;shift 1;;  # function help is called
    --) shift;break;;  # end of options
    -*) error "error:no such option $ 1. -h for help";;
    *) break;;
esac
done
# The main program
sum=0
weight=1
# one arg must be given:
[ -z "$ 1" ] && help
binnum="$ 1"
binnumorig="$ 1"
while [ -n "$ binnum" ]; do
    lastchar "$ binnum"
    if [ "$ rval" = "1" ]; then
        sum='expr "$ weight" "+" "$ sum"'
    fi
    # remove the last position in $ binnum
    chop "$ binnum"
    binnum="$ rval"
    weight='expr "$ weight" "*" 2'
done
echo "binary $ binnumorig is decimal $ sum"
#
```

该脚本使用的算法是利用十进制和二进制数权值(1,2,4,8,16,…),比如二进制"10"可以这样转换成十进制 $0*1+1*2=2$。

为了得到单个的二进制数我们使用了 lastchar 函数。该函数使用 wc -c 计算字符个数,然后使用 cut 命令取出末尾一个字符。chop 函数的功能则是移除最后一个字符。

小 结

本章主要从 Shell 编程使用环境变量和 Shell 变量、程序结构、函数以及内嵌命令做了介绍。

实 验 二 Shell 程序编写

一、实验目的

1.掌握 Shell 编程的基本语法。

2.掌握 Shell 程序的执行和调试方法。

二、实验内容

编程实验文件目录的备份和恢复。

//////////////// 练 习 ////////////////

1.下面不是 Shell 脚本成分的是（　　）。

A. 注释 　　　　　　B. 命令 　　　　　　C. 结构控制语句 　　D. 重定向

2.使用下面的哪条命令,可以显示当前正在使用的 Shell 的 PATH 变量（　　）。

A. environment 　　　　　　　　　B. echo ＄path

C. echo ＄PATH 　　　　　　　　　D. echo ＄environment

3.退出交互模式的 Shell,应键入（　　）。

A. ＜Esc＞; 　　　　B. ^q 　　　　　　C. exit 　　　　　D. quit

4.下列变量名中有效的 Shell 变量名是（　　）。

A. -2-time 　　　　B. _2＄3 　　　　　C. trust_no_1 　　　D. 2004file

5.关于进程调度命令,（　　）是不正确的。

A. 当日晚 11 点执行 clear 命令,使用 at 命令:at 23:00 today clear

B. 每年 1 月 1 日早上 6 点执行 date 命令,使用 at 命令:at 6am Jan 1 date

C. 每日晚 11 点执行 date 命令,crontab 文件中应为:0 23 * * * date

D. 每小时执行一次 clear 命令,crontab 文件中应为:0 */1 * * * clear

6.（　　）不是 Shell 具有的功能和特点。

A. 管道 　　　　　　　　　　　　B. 输入输出重定向

C. 执行后台进程 　　　　　　　　D. 处理程序命令

7.下列对 Shell 变量 FRUIT 操作,正确的是（　　）。

A. 为变量赋值:＄FRUIT＝apple

B. 显示变量的值:fruit＝apple

C. 显示变量的值:echo ＄FRUIT

D. 判断变量是否有值:[-f ″＄FRUIT″]

8.我们可以使用（　　）命令来查看导出的环境变量,这一命令的输出结果由两列组成,左边一列是变量的名字,右边一列是相应变量的值。

A. which 　　　　　B. man 　　　　　　C. at 　　　　　　D. env

9. 为了得到外壳程序中命令行参数的个数,我们可以使用变量(　　)。

A. $#   B. $@   C. $0   D. $!

10. 在(　　)Shell 环境中,不能使用如下的变量赋值方式:variable=5。

A. bash   B. pdksh   C. tcsh   D. sh

11. 运行一个写好的 Shell 程序,我们可以使用下列方法(　　)。

A. 改变程序的属性   B. 启动 Shell 后,在外壳下运行

C. 加入初使行#! /bin/sh   D. 以上都是

12. 下列符号中,可用于 Shell 环境下正则表达式的有(　　)。

A. ?   B. ^   C. *   D. .

13. 在我们在操作系统的命令行模式下执行一个动作时,该动作由哪部分进行解释(　　)。

A. 工具   B. 应用程序   C. Shell   D. 命令

14. Shell 是 Linux 系统的用户界面,提供了用户与_____进行交互的一种接口。

15. 在 Shell 编程时,使用方括号表示测试条件的规则是:方括号两边必须有_____。

16. 编写 Shell 脚本,计算 100 以内不是 5 的整数倍的数字之和。

第12章
网络信息安全

信息安全是当前学术界及工业界研究的热点，而网络信息安全更是近年来发展最迅速、最受人们关注的研究领域之一。本章将介绍信息安全的背景、概念、研究重点以及网络信息安全的重要性问题，并且介绍如何使用防火墙、入侵检测系统、Tripwire 等保护网络系统安全。

12.1 网络信息安全简介

网络信息安全是一个关系国家安全、主权、社会稳定、民族文化继承和发扬的重要问题。其重要性，正随着全球信息化步伐的加快越来越重要。网络信息安全是一门涉及计算机科学、网络技术、通信技术、密码技术、信息安全技术、应用数学、数论、信息论等多种学科的综合性学科。它主要是指网络系统的硬件、软件及其系统中的数据受到保护，不受偶然的或者恶意的原因而遭到破坏、更改、泄露，确保系统连续可靠正常地运行，网络服务不中断。

网络信息安全最基本的特征就是保证信息安全。因此，下面先介绍信息安全的 5 大特征。

（1）完整性。信息在传输、交换、存储和处理过程保持非修改、非破坏和非丢失的特性，即保持信息原样性，使信息能正确生成、存储、传输，这是最基本的安全特征。

（2）保密性。信息按给定要求不泄漏给非授权的个人、实体或过程，或提供其利用的特性，即杜绝有用信息泄漏给非授权个人或实体，强调有用信息只被授权对象使用的特征。

（3）可用性。网络信息可被授权实体正确访问，并按要求能正常使用或在非正常情况下能恢复使用的特征，即在系统运行时能正确存取所需信息，当系统遭受攻击或破坏时，能迅速恢复并能投入使用。可用性是衡量网络信息系统面向用户的一种安全性能。

（4）不可否认性。通信双方在信息交互过程中，确信参与者本身，以及参与者所提供的信息的真实同一性，即所有参与者都不可能否认或抵赖本人的真实身份，以及提供信息的原样性和完成的操作与承诺。

（5）可控性。对流通在网络系统中的信息传播及具体内容能够实现有效控制的特性，即网络系统中的任何信息要在一定传输范围和存放空间内可控。除了采用常规的传播站点和传播内容监控这种形式外，最典型的如密码的托管政策，当加密算法交由第三方管理时，必须严格按规定可控执行。

12.2 网络中存在的威胁

计算机网络安全的基本目标是实现信息的机密性、完整性、可用性和资源的合法性。

1. 信息泄露

信息泄露是指敏感数据在有意或无意中被泄露、丢失、透漏给某个未授权的实体。它通常包括：信息在传输中被丢失或泄露（如利用电磁波泄露或搭线窃听等方式截获信息）；通过网络攻击进入存放敏感信息的主机后非法复制；通过对信息流向、流量、通信频度和长度等参数的分析，推测出有用信息（如用户帐号、口令等重要信息）。

2. 完整性破坏

以非法手段窃得对信息的管理权，通过未授权的创建、修改、删除和重放等操作而使数据的完整性受到破坏。

3. 服务拒绝

服务拒绝是指网络系统的服务功能下降或丧失。这可以由两个方面的原因造成：一是受到攻击所致。攻击者通过对系统进行非法的、根本无法成功的访问尝试而产生过量的系统负载，从而导致系统资源对合法用户的服务能力下降或者丧失。二是由于系统或组件在物理上或者逻辑上遭到破坏而中断服务。

4. 未授权访问

未授权实体非法访问系统资源，或授权实体超越权限访问系统资源。例如，有意避开系统访问控制机制，对信息设备及资源进行非法操作或运行；擅自提升权限，越权访问系统资源。假冒和盗用合法用户身份攻击，非法进入网络系统进行操作等。

12.3 常见的攻击类型

对计算机网络进行攻击的手段可以分为几个主要种类，它们的危害程度和检测防御办法也各不相同，这里介绍几种最常用的攻击类型。

12.3.1 端口扫描

对于位于网络中的计算机系统来说，一个端口就是一个潜在的通信通道，也就是一个入侵通道。对目标计算机进行端口扫描，能得到许多有用的信息从而发现系统的安全漏洞。通过其可以使系统用户了解系统目前向外界提供了哪些服务,从而为系统用户管理网络提供了一种参考的手段。

从技术原理上来说,端口扫描向目标主机的 TCP/IP 服务端口发送探测数据包,并记录目标主机的响应。通过分析响应来判断服务端口是打开还是关闭,就可以得知端口提供的服务或信息。端口扫描也可以通过捕获本地主机或服务器的流入流出 IP 数据包来监视本地主机的运行情况,不仅能对接收到的数据进行分析,而且能够帮助用户发现目标主机的某些内在的弱点。端口扫描主要有经典的扫描器(全连接)以及所谓的 SYN(半连接)扫描器。此外还有间接扫描和秘密扫描等。

1. 全连接扫描

全连接扫描是 TCP 端口扫描的基础,现有的全连接扫描有 TCP connect 扫描和 TCP 反向 ident 扫描等,其中 TCP connect 扫描的实现原理如下:

扫描主机通过 TCP/IP 协议的三次握手与目标主机的指定端口建立一次完整的连接。连接由系统调用 connect 开始。如果端口开放,则连接将建立成功;否则,返回-1 则表示端口关闭。如果建立连接成功,则响应扫描主机的 SYN/ACK 连接请求,这一响应表明目标端口处于监听(打开)的状态。如果目标端口处于关闭状态,则目标主机会向扫描主机发送 RST 的响应。

2. 半连接(SYN)扫描

若端口扫描没有完成一个完整的 TCP 连接,在扫描主机和目标主机的指定端口建立连接时候只完成了前两次握手,在第三步时,扫描主机中断了本次连接,使连接没有完全建立起来,这样的端口扫描称为半连接扫描,也称为间接扫描。现有的半连接扫描有 TCP SYN 扫描和 IP ID 头 dumb 扫描等。

SYN 扫描的优点在于即使日志中对扫描有所记录,但是尝试进行连接的记录也要比全扫描少得多。缺点是在大部分操作系统下,发送主机需要构造适用于这种扫描的 IP 包,通常情况下,构造 SYN 数据包需要超级用户或者授权用户访问专门的系统调用。

没有完成 TCP 协议三次握手的攻击方式还有 ARP 欺骗。ARP 是一个重要的 TCP/IP 协议,用于确定对应 IP 地址的网卡物理地址,当计算机接收到 ARP 应答数据包的时候,会对本地的 ARP 缓存进行更新,将应答中的 IP 和 MAC 地址存储在 ARP 缓存中。当局域网中的某台机器 B 向 A 发送一个自己伪造的 ARP 应答,而如果这个应答是 B 冒充 C 伪造来的,即 IP 地址为 C 的 IP,而 MAC 地址是伪造的,则当 A 接收到 B 伪造的 ARP 应答后,就会更新本地的 ARP 缓存。这样在 A 看来 C 的 IP 地址没有变,而其 MAC 地址已经改变。由于局域网的网络流通不是根据 IP 地址进行,而是按照 MAC 地址进行传输,伪造出的 MAC 地址在 A 上被改变成一个不存在的 MAC 地址,即可造成网络不通。

12.3.2　DoS 和 DDoS 攻击

DoS 的英文全称是 Denial of Service,也就是"拒绝服务"的意思。从网络攻击的各种方法和所产生的破坏情况来看,DoS 是一种很简单但又很有效的进攻方式,其目的就是拒绝用户的服务访问,破坏服务器的正常运行,最终会使用户的部分 Internet 连接和网络系统失效。DoS 的攻击方式有很多种,最基本的 DoS 攻击就是利用合理的服务请求来占用过多的服务资源,从而使合法用户无法得到服务。

DoS 攻击的基本过程是:首先攻击者向服务器发送众多的带有虚假地址的请求,服务器发送回复信息后等待回传信息,由于地址是伪造的,所以服务器一直等不到回传的消息,分配给这次请求的资源就始终没有被释放,当服务器等待一定的时间后,连接会因超时而被切断,攻击者会再度传送新的一批请求,在这种反复发送伪地址请求的情况下,服务器资源最终会被耗尽。

DDoS(分布式拒绝服务),其英文名称为 Distributed Denial of Service,是一种基于 DoS 的特殊形式的拒绝服务攻击,是一种分布、协作的大规模攻击方式,主要瞄准比较大的站点,像商业公司、搜索引擎和政府部门的站点。通常,DoS 攻击只要一台单机和一个 Modem 就可实现,而 DDoS 攻击是利用一批受控制的机器向一台机器发起攻击,这样来势迅猛的攻击令人难以防备,因此具有较大的破坏性。

DoS 按照利用漏洞产生的来源来分,可以分为如下几类。

1. 利用软件实现的缺陷

OOB 攻击(常用工具 winnuke),teardrop 攻击(常用工具 teardrop. c、boink. c、bonk. c),land 攻击,IGMP 碎片包攻击,jolt 攻击,Cisco 2600 路由器 IOS version 12.0(10)远程拒绝服务攻击等,这些攻击都是利用被攻击软件实现上的缺陷完成 DoS 攻击的。通常这些攻击工具向被攻击系统发送特定类型的一个或多个报文,这些攻击通常都是致命的,一般都是一击致死,而且很多攻击是可以伪造源地址的,所以即使通过 IDS 或者别的 Sniffer 软件记录到攻击报文也不能找到谁发动的攻击,而且此类型的攻击多是特定类型的几个报文,非常短暂的少量的报文,如果伪造源 IP 地址的话,几乎是不可能进行追查的。

2. 利用协议的漏洞

这种攻击的生存能力非常强。为了能够在网络上进行互通、互联,所有的软件实现都必须遵循既有的协议,而如果这种协议存在漏洞的话,那么所有遵循此协议的软件都会受到影响。

最经典的攻击是 SYN Flood 攻击,它利用 TCP/IP 协议的漏洞完成攻击。通常一次 TCP 连接的建立包括 3 个步骤,客户端发送 SYN 包给服务器端,服务器分配一定的资源给这里连接并返回 SYN/ACK 包,并等待连接建立的最后的 ACK 包,最后客户端发送 ACK 报文,这样两者之间的连接建立起来,并可以通过连接传送数据了。而攻击的过程就是疯狂发送 SYN 报文,而不返回 ACK 报文,服务器占用过多资源,而导致系统资源占用过多,没有能力响应别的操作,或者不能响应正常的网络请求。这个攻击是经典的以小搏大的攻击,即自己使用少量资源占用对方大量资源。一台 Pentium 4 的 Linux 系统大约能发到 30~40 MB 的 64 字节 SYN Flood 报文,而一台普通的服务器 20 Mbit/s 的流量就基本没有任何响应了(包括鼠标、键盘)而且 SYN Flood 不仅可以远程进行,而且可以伪造源 IP 地址,给追查造成很大困难,要查找必须对所有骨干网络运营商一级一级路由器地向上查找。

对于伪造源 IP 的 SYN Flood 攻击除非攻击者和被攻击的系统之间所有的路由器的管理者都配合查找,否则很难追查。当前一些防火墙产品声称有抗 DoS 的能力,但通常它们能力有限,包括国外的硬件防火墙。大多数 100 MB 防火墙的抗 SYN Flood 的能力只有 20~30 MBit/s(64 字节 SYN 包),这里涉及它们对小报文的转发能力,再大的流量甚至能导致防火墙崩溃。现在有些安全厂商认识到 DoS 攻击的危害,开始研发专用的抗拒绝服务产品。

由于 TCP/IP 相信报文的源地址,另一种攻击方式是反射拒绝服务攻击,另外还可以利用广播地址和组播协议辅助反射拒绝服务攻击,这样效果更好,不过大多数路由器都禁止广播地址和组播协议的地址。

还有一类攻击方式是使用大量符合协议的正常服务请求,由于每个请求耗费很大系统资源,导致正常服务请求不能成功。如 HTTP 是无状态协议,攻击者构造大量搜索请求,这些请求耗费大量服务器资源,导致 DoS 攻击。这种方式攻击比较好处理,由于是正常请求,暴露了正常的源 IP 地址,直接禁止这些 IP 就可以了。

3. 资源消耗

这种攻击方式凭借丰富的资源,发送大量的垃圾数据耗尽系统资源导致 DoS 服务器,比如,ICMP Flooding,mstream Flooding。Connection Flooding 为了获得比目标系统更多资源,通常攻击者会发动 DDoS(Distributed DoS,分布式拒绝服务攻击),攻击者控制多个攻击点发动攻击,这样才能产生预期的效果。前两类攻击是可以伪造 IP 地址的,追查也非常困难,第 3 种攻击由于需要建立连接,可能会暴露攻击点的 IP 地址,通过防火墙禁止这些 IP 就可以了。对于难于追查,禁止的攻击行为,需要依靠专用的抗拒绝服务产品。

12.3.3 特洛伊木马(Trojan)

就现在的网络攻击方式来说,木马攻击绝对是一种主流的手段。下面来介绍一下木马的防御。

1. 木马的工作原理

目前木马入侵的主要途径还是先通过一定的方法把木马执行文件弄到被攻击者的计算机系统里,利用的途径有邮件附件、下载软件中等手段,然后通过一定的提示故意误导被攻击者打开执行文件,比如故意谎称这个木马执行文件,是用户朋友送给用户贺卡,可能用户打开这个文件后,确实有贺卡的画面出现,但这时可能木马已经悄悄在用户的后台运行了。一般的木马执行文件非常小,大部分都是几 KB 到几十 KB,如果把木马捆绑到其他正常文件上,用户很难发现,所以,有一些网站提供的软件下载往往是捆绑了木马文件的,用户执行这些下载的文件,也同时运行了木马。

木马也可以通过 Script、ActiveX 及 ASP.CGI 交互脚本的方式植入。当服务端程序在被感染的机器上成功运行以后,攻击者就可以使用客户端与服务端建立连接,并进一步控制被感染的机器。在客户端和服务端通信协议的选择上,绝大多数木马使用的是 TCP/IP 协议,但是也有一些木马由于特殊的原因,使用 UDP 协议进行通信。当服务端在被感染机器上运行以后,它一方面尽量把自己隐藏在计算机的某个角落里面,以防被用户发现;同时监听某个特定的端口,等待客户端与其取得连接。另外为了下次重启计算机时仍然能正常工作。木马程序一般会通过修改注册表,或者其他的方法让自己成为自启动程序。

2. 特洛伊木马具有的特性

特洛伊木马具有的特性主要有:

(1)包含在正常程序中,当用户执行正常程序时,启动自身,在用户难以察觉的情况下,完成一些危害用户的操作,具有隐蔽性。

(2)具有自动运行性。

(3)包含具有未公开并且可能产生危险后果功能的程序。

(4)具备自动恢复功能。现在很多的木马程序中的功能模块已不再由单一的文件组成,而是具有多重备份,可以相互恢复。当用户删除了其中的一个后,它就会启动备份重新出现,令用户防不胜防。

(5)能自动打开特别的端口。

(6)功能的特殊性。通常的木马功能都是十分特殊的,除了普通的文件操作以外,还有些木马具有搜索 Cache 中的口令、设置口令、扫描目标机器的 IP 地址、进行键盘记录、远程注册表操作以及锁定鼠标等功能。

3. 木马的种类

木马主要有破坏型、密码发送型、远程访问等 9 种。

(1)破坏型:唯一的功能就是破坏,并且删除文件。

(2)密码发送型:可以找到隐藏密码并把它们发送到指定的信箱。

(3)远程访问型:最广泛的是特洛伊木马。只需有人运行了服务端程序,客户就能知道服务端的 IP 地址,就可以实现远程控制。

(4)键盘记录木马:这种特洛伊木马是非常简单的。它们只做一件事情,就是记录受害者的键盘敲击并且在 LOG 文件里查找密码。

(5)DoS 攻击木马:随着 DoS 攻击越来越广泛的应用,被用作 DoS 攻击的木马也越来越流行起来。当入侵了一台机器时,给它种上 DoS 攻击木马,那么这台计算机就成为新的 DoS 攻击点。控制的攻击点数量越多,发动 DoS 攻击取得成功的概率就越大。所以,这种木马的危害不是体现在被感染计算机上,而是体现在攻击者可以利用它来攻击一台又一台计算机,给网络造成很大的伤害和带来损失。

(6)代理木马:黑客在入侵的同时掩盖自己的足迹,谨防别人发现自己的身份是非常重要的,因此,给被控制的攻击点种上代理木马,让其变成攻击者发动攻击的跳板就是代理木马最重要的任务。通过代理木马攻击者可以在匿名的情况下使用 Telnet、ICQ、IRC 等程序,从而隐蔽自己的踪迹。

(7)FTP 木马:这种木马可能是最简单、最古老的木马了,它的唯一功能就是打开 21 端口,等待用户连接。现在新 FTP 木马还加上了密码功能,这样只有攻击者本人才知道正确的密码,从而进入对方计算机。

(8)程序杀手木马:该木马的功能就是关闭对方机器上运行的防木马程序,让其他的木马更好地发挥作用。

(9)反弹端口型木马:反弹端口型木马的服务端(被控制端)使用主动端口,客户端(控制端)使用被动端口。木马定时监测控制端的存在,发现控制端上线立即弹出端口主动连接控制端打开的主动端口。为了隐蔽起见,控制端的被动端口一般开在 80,即使用户使用扫描软件检查自己的端口,发现类似 TCP UserIP:1026 Control IP:80ESTABLISHED 的情况,稍微疏忽一点,用户就会以为是自己在浏览网页。

4. 被感染后的紧急措施

如果用户的计算机不幸中了木马,这里给用户提供 3 条建议。

(1)所有的帐号和密码都要马上更改,例如拨号连接,ICQ,FTP,个人站点,免费邮箱等,凡是需要密码的地方,都要把密码尽快改过来。

(2)删掉所有硬盘上原来没有的东西。

(3)更新杀毒软件检查一次硬盘上是否有病毒存在。

12.4　防火墙技术

12.4.1　防火墙的概念及作用

防火墙技术,最初是针对 Internet 网络不安全因素所采取的一种保护措施。顾名思义,防火墙就是用来阻挡外部不安全因素影响的内部网络屏障,其目的就是防止外部网络用户未经授权的访问。它是一种计算机防火墙硬件和软件的结合,使 Internet 与 Intranet 之间建立起一个安全网关(Security Gateway),从而保护内部网免受非法用户的入侵,防火墙主要由服务访问政策、验证工具、包过滤和应用网关 4 个部分组成,防火墙就是一个位于计算机和它所连接的网络之间的软件或硬件。该计算机流入流出的所有网络通信均要经过此防火墙。

12.4.2　防火墙的种类

从实现原理上分,防火墙的技术包括四大类:网络级防火墙(也叫包过滤防火墙)、应用级网关、电路级网关和规则检查防火墙。它们之间各有所长,具体使用哪一种或是否混合使用,要看具体需要。

1. 网络级防火墙

一般是基于源地址和目的地址、应用、协议以及每个 IP 包的端口来做出通过与否的判断。一个路由器便是一个"传统"的网络级防火墙,大多数的路由器都能通过检查这些信息来决定是否将所收到的包转发,但它不能判断出一个 IP 包来自何方,去向何处。防火墙检查每一条规则直至发现包中的信息与某规则相符。如果没有一条规则能符合,防火墙就会使用默认规则,一般情况下,默认规则就是要求防火墙丢弃该包。其次,通过防火墙定义基于 TCP 或 UDP 数据包的端口号,防火墙能够判断是否允许建立特定的连接,如 Telnet、FTP 连接。

2.应用级网关

应用级网关能够检查进出的数据包,通过网关复制传递数据,防止在受信任服务器和客户机与不受信任的主机间直接建立联系。应用级网关能够理解应用层上的协议,能够做一些复杂的访问控制,并做精细的注册和稽核。它针对特别的网络应用服务协议即数据过滤协议,并且能够对数据包分析并形成相关的报告。应用网关对某些易于登录和控制所有输出输入的通信的环境给予严格的控制,以防有价值的程序和数据被窃取。

在实际工作中,应用网关一般由专用工作站系统来完成。但每一种协议需要相应的代理软件,使用时工作量大,效率不如网络级防火墙。应用级网关有较好的访问控制,是目前最安全的防火墙技术,但实现困难,而且有的应用级网关缺乏"透明度"。在实际使用中,用户在受信任的网络上通过防火墙访问 Internet 时,经常会发现延迟并且必须进行多次登录(Login)才能访问 Internet 或 Intranet。

3.电路级网关

电路级网关用来监控受信任的客户或服务器与不受信任的主机间的 TCP 握手信息,这样来决定该会话(Session)是否合法,电路级网关是在 OSI 模型中会话层上来过滤数据包,这样比包过滤防火墙要高二层。电路级网关还提供一个重要的安全功能:代理服务器(Proxy Server)。代理服务器是设置在 Internet 防火墙网关的专用应用级代码。

这种代理服务准许网管员允许或拒绝特定的应用程序或一个应用的特定功能。包过滤技术和应用网关是通过特定的逻辑判断来决定是否允许特定的数据包通过,一旦判断条件满足,防火墙内部网络的结构和运行状态便"暴露"在外来用户面前,这就引入了代理服务的概念,即防火墙内外计算机系统应用层的"链接"由两个终止于代理服务的"链接"来实现,这就成功地实现了防火墙内外计算机系统的隔离。同时,代理服务还可用于实施较强的数据流监控、过滤、记录和报告等功能。代理服务技术主要通过专用计算机硬件(如工作站)来承担。

4.规则检查防火墙

该防火墙结合了包过滤防火墙、电路级网关和应用级网关的特点。它同包过滤防火墙一样,规则检查防火墙能够在 OSI 网络层上通过 IP 地址和端口号,过滤进出的数据包。它也像电路级网关一样,能够检查 SYN 和 ACK 标记和序列数字是否逻辑有序。当然它也像应用级网关一样,可以在 OSI 应用层上检查数据包的内容,查看这些内容是否能符合企业网络的安全规则。

规则检查防火墙虽然集成前三者的特点,但是不同于一个应用级网关防火墙的是,它并不打破客户机/服务器模式来分析应用层的数据,它允许受信任的客户机和不受信任的主机建立直接连接。规则检查防火墙不依靠与应用层有关的代理,而是依靠某种算法来识别进出的应用层数据,这些算法通过已知合法数据包的模式来比较进出数据包,这样从理论上就能比应用级代理在过滤数据包上更有效。

12.4.3 使用 Netfilter/iptables 防火墙框架

Linux 系统提供了一个自带免费的 Netfilter/iptables 防火墙框架,该框架功能强大,下面详细介绍该框架的安装、配置和使用。

1. 简介

Netfilter/iptables 可以对流入和流出的信息进行细化控制,且可以在一台低配置机器上很好地运行,被认为是 Linux 中实现包过滤功能的第四代应用程序。Netfilter/iptables 包含在 Linux 2.4 以后的内核中,可以实现防火墙、NAT(网络地址翻译)和数据包的分割等功能。Netfilter 工作在内核内部,而 iptables 则是让用户定义规则集的表结构。Netfilter/iptables 从 ipchains 和 ipwadfm(IP 防火墙管理)演化而来,功能更加强大。

这里所说的 iptables 是 ipchains 的后继工具,但具有更强的可扩展性。内核模块可以注册一个新的规则表(table),并要求数据包经过指定的规则表进行相关操作。这种数据包选择用于实现数据包过滤(filter 表),网络地址转换(NAT 表)及数据包处理(mangle 表),Linux 2.4 内核提供的这 3 种数据包处理功能都基于 netfilter 的钩子函数和 IP 表,都是相互间独立的模块,完美地集成到由 Netfilter 提供的框架中。

Netfilter 主要提供如下 3 项功能。

(1)包过滤:filter 表不会对数据包进行修改,而只对数据包进行过滤。iptables 优于 ipchains 的一方面是它更为小巧和快速,它是通过钩子函数 NF_IP_LOCAL_IN、NF_IP_FORWARD 及 F_IP_LOCAL_OUT 接入 Netfilter 框架的。

(2)NAT:NAT 表监听 3 个 Netfilter 钩子函数:NF_IP_PRE_ROUTING、NF_IP_POST_ROUTING 及 NF_IP_LOCAL_OUT。NF_IP_PRE_ROUTING 实现对需要转发数据包的源地址进行地址转换,而 NF_IP_POST_ROUTING 则对需要转发的数据包目的地址进行地址转换。对于本地数据包目的地址的转换,则由 NF_IP_LOCAL_OUT 来实现。

(3)数据包处理:mangle 表在 NF_IP_PRE_ROUTING 和 NF_IP_LOCAL_OUT 钩子中进行注册。使用 mangle 表可以实现对数据包的修改或给数据包附上一些外带数据。当前 mangle 表支持修改 TOS 位及设置 skb 的 nfmard 字段。

2. 安装 Netfilter/iptables 系统

因为 Netfilter/iptables 的 Netfilter 组件是与内核 2.4.x 集成在一起的,对于 Fedora 28 或更高版本的 Linux 都配备了 Netfilter 这个内核工具,所以一般不需要下载,而只要下载并安装 iptables 用户空间工具的源代码包即可。

在开始安装 iptables 用户空间工具之前,要对系统做某些修改,主要有如下选项需要配置修改。

(1)CONFIG_PACKET:如果要使应用程序直接使用某些网络设备,那么这个选项是有用的。

(2)CONFIG_IP_NF_MATCH_STATF:如果要配置有状态的防火墙,那么这个选项非常重要而且很有用。这类防火墙会记得之前关于信息包过滤所做的决定,并根据它们做出新的决定。

（3）CONFIG_IP_NF_FILTER：这个选项提供一个基本的信息包过滤框架。如果打开这个选项，则会将一个基本过滤表（带有内置的 INPUT、FORWARD 和 OUTPUT 链）添加到内核空间。

（4）CONFIG_IP_NF_TARGET_REJECT：这个选项允许指定应该发送 ICMP 错误消息来响应已被 DROP 掉的入站信息包，而不是简单地杀死这些信息包。

下面是安装源代码包的步骤。

♯ yum -y install iptables

安装完成后，就可以启动防火墙了，使用 service 命令手工启动 iptables。

♯ service iptables start

如果想要在系统启动的时候也启动该防火墙服务，那么可以使用 setup 命令，然后进入 System service 选项，选择 iptables 守护进程即可。

3. 使用 iptables 的过滤规则

通过向防火墙提供有关来自某个源、到某个目的地或具有特定协议类型的信息包要做些什么的指令，规则控制信息包的过滤。通过使用 Netfilter/iptables 系统提供的特殊命令 iptables 建立这些规则，并将其添加到内核空间的特定信息包过滤表内的链中。关于添加/除去/编辑规则的命令一般语法如下：

iptables [-t table] command [match] [target]

（1）表（table）：[-t table]选项允许使用标准表之外的任何表。表是包含仅处理特定类型信息包的规则和链的信息包过滤表 n 有 i 种可用的表选项：filter、nat 和 mangle。该选项不是必需的，如果未指定则 filter 用作默认表。各表实现的功能见表 12-1。

表 12-1 iptables table 项功能

表 名	实现功能
filter	用于一般的信息包过滤，包含 INPUT、OUTPUT 和 FORWAR 链
nat	用于要转发的信息包，它包含 PREROUTING、OUTPUT 和 POSTROUTING 链
mangle	包含一些规则来标记用于高级路由的信息包以及 PREROUTING 和 OUTPUT 链。如果信息包及其头内进行了任何更改，则使用 mangle 表

（2）命令（command）：上面这条命令中具有强制性的 command 部分是 iptables 命令的最重要部分，它告诉 iptables 命令要做什么，例如，插入规则、将规则添加到链的末尾或删除规则。iptables 常用命令见表 12-2。

表 12-2 iptables 常用命令

命 令	说 明	样例及说明
-A 或--append	该命令将一条规则附加到链的末尾	iptables -A INPUT -s 203.159.0.10 -j ACCEPT 接收来自指定 IP 地址的所有流入的数据包
-D 或--delete	通过用-D 指定要匹配的规则或者指定规则在链中的位置编号，该命令从链中删除该规则	iptables -D INPUT -dport 80-j DROP 从 INPUT 链删除规则，它指定丢弃前往端口 80 的信息包

（续表）

命 令	说 明	样例及说明
-P 或--policy	该命令设置链的默认目标，即策略。所有与链中任何规则都不匹配的信息包都将被强制使用此链的策略	iptables -P INPUT DROP 将 INPUT 链的缺省目标指定为 DROP。将丢弃所有与 INPUT 链中任何规则都不匹配的信息包
-N 或--new-chain	用命令中所指定的名称创建一个新链	iptables -N allowed -chain
-F 或--flush	如果指定链名，该命令删除链中的所有规则，如果未指定链名，该命令删除所有链中的所有规则。此参数用于快速清除	iptables -F FORWARD
-L 或--List	列出指定链中的所有规则	iptables -L allowed -chain

（3）匹配（match）：iptables 命令的可选 match 部分指定信息包与规则匹配所应具有的特征（如源和目的地地址、协议等），匹配分为两大类：通用匹配和特定于协议的匹配。这里，研究可用于采用任何协议的信息的通用匹配。常用的通用匹配及其示例和说明见表 12-3。

表 12-3　　　　　　　　　　　匹配项说明

通用匹配	说 明	样例及说明
-p 或--protocol	该通用协议匹配用于检查某些特定协议。协议示例有 TCP、UDP、ICMP、用逗号分隔的任何这三种协议的组合列表以及 ALL（用于所有协议）。ALL 是默认匹配。可以使用！符号表示不与该项匹配	iptables -A INPUT -p TCP,UDP 指定所有 TCP 和 UDP 信息包都将与该规则匹配
-s 或--source	该源匹配用于根据信息包的源 IP 地址来与它们匹配。该匹配还允许对某一范围内的 IP 地址进行匹配，可以使用！符号表示不与该项匹配。默认源匹配与所有 IP 地址匹配	iptables -A OUTPUT -s 192.168.0.0/24 指定该规则与所有来自 192.168.0.0 到 192.168.0.255 这些 IP 地址范围的信息包匹配
-d 或--destination	该目的地匹配用于根据信息包的目的地 IP 地址来与他们匹配。该匹配还允许对某一范围内 IP 地址进行匹配，可以使用！符号表示不与该项匹配	iptables -A OUTPUT -s 192.168.1.1 指定该规则与所有目的地是 192.168.1.1 信息包匹配

（4）目标（target）：前面已经讲过，目标是由规则指定的操作，对于那些规则匹配的信息包执行这些操作。除了允许用户定义的目标之外，还有许多可用的目标选项。常用的一些目标及其示例和说明见表 12-4。

表 12-4　　　　　　　　　　　目标项说明

目标项	说 明	样例及说明
ACCEPT	当信息包与具有 ACCEPT 目标的规则完全匹配时，会被接受（允许它前往目的地）	

（续表）

目标项	说　明	样例及说明
DROP	当信息包与具有 DROP 目标的规则完全匹配时，会阻塞该信息包，并且不对它做进一步处理。该目标被指定为-j DROP	
REJECT	该目标的工作方式与 DROP 目标相同，但它比 DROP 好。和 DROP 不同，REJECT 不会在服务器和客户机上留下死套接字。另外，REJECT 将错误消息发回给信息包的发送方。该目标被指定为-j REJECT	iptables -A FORWARD -p TCP -dport 22 -j REJECT
RETURN	在规则中设置的 RETURN 目标让与该规则匹配的信息包停止遍历包含该规则的链。如果链是如 INPUT 之类的主链，则使用该链的默认策略处理信息包。它被指定为-jump RETURN	iptables -A FORWARD -d 203.16.1.1 -jump RETURN

根据实际情况，灵活运用 Netfilter/iptables 框架，生成相应的防火墙规则可以方便、高效地阻断部分网络攻击以及非法数据包。

4. 启动和停止 iptables

一般情况下，iptables 已经包含在 Linux 发行版中，运行 iptables --version 来查看系统是否安装了 iptables。在 Fedora 28 中，安装的版本是 iptables v1.4.19。如果系统没有安装 iptables，则可以从 http://www.netfilter.org/下载。

使用中可以运行 man iptables 来查看所有命令和选项的完整介绍，或者运行 iptables -help 来查看一个快速帮助。要查看系统中现有的 iptables 规划集，可以运行以下命令：

iptables --list

下面是没有定义规划时 iptables 的样子：

Chain INPUT（policy ACCEPT）target prot opt source destination

Chain FORWARD（policy ACCEPT）target prot opt source destination

Chain OUTPUT（policy ACCEPT）target prot opt source destination

如上例所示，每一个数据包都要通过三个内建链（INPUT、OUTPUT 和 FORWARD）中的一个。filter 是最常用的表，在 filter 表中最常用的三个目标是 ACCEPT、DROP 和 REJECT。DROP 会丢弃数据包，不再对其进行任何处理。REJECT 会把出错信息传送至发送数据包的主机。

5. iptables 实例

①iptables -t nat -A PREROUTING -i eth0 -p tcp -d 1.2.3.5 --dport 21 -j DROP

内建的规则表为 nat，新加一条 PREROUTING 规则，从 eth0 网卡进入的 tcp 协议包，包的目的地是 1.2.3.5，以及目的地 1.2.3.5 的 21 端口，指定要进行的处理动作为丢弃数据包。

②iptables -t nat -A PREROUTING -i eth1 -p tcp -d 1.2.3.4 --dport 5918 -j --DNAT to 192.168.0.2:21

内建的规则表为 nat，新加一条 PREROUTING 规则，从 eth1 网卡进入的 tcp 协议包,包的目的地是 1.2.3.4,以及目的地 1.2.3.4 的 5918 端口,指定要进行的处理动作为改写封包目的地 IP 为 192.168.0.2:21。

③iptables -A FORWARD -p tcp -d 192.168.0.2 --dport 21 -j ACCEPT

新增规则到 FORWARD 规则链中,接受的 tcp 协议包,包的目的地是 192.168.0.2,以及目的地 192.168.0.2 的 21 端口,指定要进行的处理动作为将封包放行。

④iptables -A FORWARD -p tcp -d 192.168.0.2 --sport 21 -j ACCEPT

新增规则到 FORWARD 规则链中,接受的 tcp 协议包,包的目的地是 192.168.0.2,比对封包的来源端口号为 21 的数据包。

⑤iptables -A FORWARD -i eth1 -m state --state ESTABLISHED,RELATED -j ACCEPT

新 增 规 则 到 FORWARD 规 则 链 中, 从 eth1 网 卡 进 入, 比 对 联 机 状 态 为 ESTABLISHED,RELATED 的包,指定要进行的处理动作为将封包放行。

⑥iptables -t nat -A POSTROUTING -o eth1 -s 192.168.0.0/24 -j MASQUERADE

内建的规则表为 nat,新加一条 POSTROUTING 规则,从 eth1 网卡送出,封包的来源为 192.168.0.0/24,指定要进行的处理动作为改写封包来源(网关转发)。

⑦iptables -t nat -A POSTROUTING -s 192.168.0.0/24 -o eth1 -j SNAT --to 1.2.3.4

内建的规则表为 nat,新加一条 POSTROUTING 规则,封包的来源为 192.168.0.0/24,从 eth1 网卡送出,指定要进行的处理动作为改写封包来源 IP 为 1.2.3.4。

6. 图形化防火墙

在 Fedora 28 中,提供一个 GUI 程序来让用户对防火墙进行配置。该工具的启动方法是"系统"→"管理"→"防火墙"。启动防火墙时,需要输入 root 用户的密码,然后防火墙配置界面,可以增加可信的服务,列表中显示可以设置的服务,如图 12-1 所示。

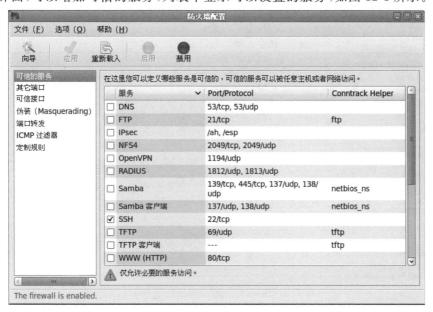

图 12-1　可信服务配置

同样设置允许访问的端口和端口范围,如图 12-2 所示。

图 12-2　其他端口配置

设置系统中的可信接口,如图 12-3 所示。

图 12-3　可信端口配置

也可以伪装,使本地网络不可见,但仅用于 IPv4,如图 12-4 所示。

图 12-4 伪装配置

可以设置被拒绝的 ICMP 类型,默认设置是没有限制的,如图 12-5 所示。

图 12-5 ICMP 过滤器配置

使用定制规则文件来为防火墙添加额外的规则,文件必须是 iptables 格式,如图 12-6 所示。

图 12-6　添加自定义规则文件

启动防火墙配置向导进行防火墙配置,如图 12-7 所示。

图 12-7　防火墙选项

防火墙配置向导为系统设置一个干净的防火墙配置,如图 12-8 所示。

(a)配置向导步骤 1

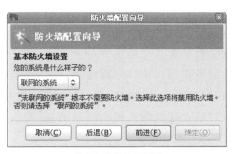

(b)配置向导步骤 2

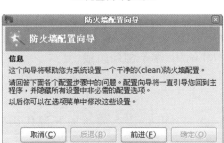

(c)配置向导步骤 3

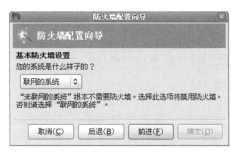

(d)配置向导步骤 4

图 12-8 配置向导

由于配置了防火墙,可能引起诸如 FTP 协议和 QQ、MSN 等软件无法使用或者某些功能无法正常使用,也有可能引起 RPC(远程过程调用)无法执行,这需要用户根据实际情况来配置相应的服务代理程序来开启服务。需要特别注意的是,防火墙也可能被内部攻击,其并不是万能的,还需要综合使用其他防护手段。内部人员由于无法通过 Telnet 浏览邮件或使用 FTP 向外发送信息,会对防火墙不满进而可能对其进行攻击和破坏。而且,攻击的目标常常是防火墙或防火墙运行的操作系统,这极大地危害了防火墙系统甚至是关键信息系统的安全。

12.5 入侵检测系统(IDS)

入侵检测系统被安全领域称为是继防火墙之后,保护网络安全的第二道"闸门"。本节将介绍入侵检测系统的基本原理,并对 Fedora 中的轻量级的入侵检测系统 Snort 的使用进行详细介绍。

12.5.1 入侵检测系统简介

Intrusion Detection System(入侵检测系统)顾名思义,便是对入侵行为的发觉,通过对计算机网络或计算机系统中的若干关键点收集信息并对其进行分析,从中发现网络或系统中是否有违反安全策略的行为和被攻击的迹象。通常说来,具有如下几个功能:

(1)监控、分析用户和系统的活动。

（2）核查系统配置和漏洞。

（3）评估关键系统和数据文件的完整性。

（4）识别攻击的活动模式并向网管人员报警。

（5）对异常活动的统计分析。

（6）操作系统审计跟踪管理，识别违反政策的用户活动。

按照技术以及功能来划分，入侵检测系统可以分为如下几类：

（1）基于主机的入侵检测系统：其输入数据来源于系统的审计日志，一般只能检测该主机上发生的入侵。

（2）基于网络的入侵检测系统：其输入数据来源于网络的信息流，能够检测该网段上发生的网络入侵。

（3）采用上述两种数据，源的分布式入侵检测系统：能够同时分析来自主机系统审计日志和网络数据流的入侵检测系统，一般为分布式结构，多个部件组成。

12.5.2　Snort 简介

Snort 是一款入侵检测的工具软件，Snort 是一个用 C 语言编写的开源代码软件，Snort 实际上是一个基于 libpcap 的网络数据包嗅探器和日志记录工具，可以用于入侵检测。该入侵检测系统的主要特点如下：

（1）轻量级的网络入侵检测系统：虽然功能强大，但其代码非常简洁、短小。

（2）可移植性好：跨平台性能极佳，目前已经支持类 UNIX 下的 Linux、Solaris、FreeBSD、Irix 以及 Microsoft 的 Windows 2003 Server 等服务器系统。

（3）功能非常强大：具有实时流量分析和对 IP 网络数据包做日志记录的能力。能够快速地检测网络攻击，及时地发出警报。

（4）扩展性较好：对于新的攻击反应迅速。作为一个轻量级的网络入侵检测系统，Snort 有足够的扩展能力，其使用一种简单的规则描述语言。最基本的规则只是包含 4 个域：处理动作、协议、方向和注意的端口。并且，发现新的攻击后，可以很快根据 bugtraq 邮件列表，找出特征码，写出检测规则。因为规则语言简单，所以很容易上手，节省人员的培训费用。

（5）遵循公共通用许可证 GPL：遵循 GPL，任何企业、组织、个人都可以免费使用它。

Snort 由三个重要的子系统构成：数据包解码器、检测引擎、日志与报警系统。

（1）数据包解码器

数据包解码器主要是对各种协议栈上的数据包进行解析、预处理，以便提交给检测引擎进行规则匹配。解码器运行在各种协议栈之上，从数据链路层到传输层，最后到应用层。目前 Snort 解码器支持的协议包括 Ethernet、SLIP 和 raw data-link 等。

（2）检测引擎

Snort 用一个二维链表存储它的检测规则，其中一维称为规则头，另一维称为规则选项。规则头中放置的是一些公共的属性特征，而规则选项中放置的是一些入侵特征。为了提高检测的速度，通常把最常用的源/目的 IP 地址和端口信息放在规则头链表中，而把一些独特的检测标志放在规则选项链表中。规则匹配查找采用递归的方法进行，检测机制只针对当前已经建立的链表选项进行检测。当数据包满足一个规则时,就会触发相应的操作。Snort 的检测机制非常灵活,用户可以根据自己的需要很方便地在规则链表中添加所需要的规则模块。

(3)日志和报警子系统

日志和报警子系统可以在运行 Snort 的时候以命令行交互的方式进行选择。

Snort 安装在一台主机上对整个网络进行监视,其典型运行环境如图 12-9 所示。

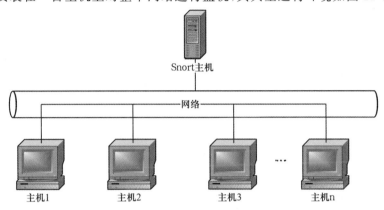

图 12-9 Snort 典型运行环境

12.5.3 Snort 安装

Snort 官方网站地址上面可以下载到最新版源代码。安装好 libpcap 后,用户通常使用如下步骤安装 Snort。

/configure

make

make install

安装好 Snort 后,用户可以使用 make clean 清除一些安装时产生的文件。

也可以使用命令 #yum install snort 直接进行安装。

12.5.4 Snort 命令简介

Snort 命令行格式如下所示:

snort - [options] <filters>

选项(options):

(1)-A<alert>:设置<alert>的模式是 full、fast 还是 none。full 模式记录标准的 alert 模式到 alert 文件中;fast 模式只写入时间戳、messages、IPs、ports 到文件中,none 模式关闭报警。

(2)-a:显示 ARP 包。

(3)-b:把 log 的信息包记录为 tcpdump 格式,所有信息包都被记录为二进制形式。

(4)-c<c>:使用配置文件<cf>。这个文件告诉系统什么样的信息要记录 log,或者要报警,或者通过。

(4)-d：解码应用层。

(5)-D：把 Snort 以守护进程的方法来运行，默认情况下 ALERT 记录发送到 var/log/snort.alert 文件中去。

(6)-e：显示并记录 2 个信息包头的数据。

(7)-s LOG：报警记录到 syslog 中去，在 Linux 机器上，这些警告信息会出现/var/log/secure，在其他平台上将出现在/var/log/message 中去。

(8)-s＜n：v＞：设置变量值。这可以用来在命令行定义 Snort rules 文件中的变量，如要在 Snort rules 文件中定义变量 HOME_NET，你可以在命令行中给它预定义值。

(9)-v：verbose 模式，把信息包打印在 console 中，这个选项使用后会使速度变得很慢，这样在记录多的时候会出现丢包现象。

(10)-?：显示使用列表并退出。

上面只是列出一些常用的选项，具体的一些复杂的参数，可以通过使用如下命令来获取。

＃ snort -?

12.5.5 Snort 工作模式

Snort 有三种工作模式：嗅探器、数据包记录器、网络入侵检测系统。嗅探器模式仅仅是从网络上读取数据包并作为连续不断地流显示在终端上。数据包记录器模式把数据包记录到硬盘上。网络入侵检测模式是最复杂的，而且是可配置的。

1.嗅探器

如果只输出 IP 和 TCP/UDP/ICMP 的包头信息，打印在屏幕上，只需要输入下面的命令：

./snort -v

如果要看到应用层的数据，可以使用：

./snort -vd

这条命令使 Snort 在输出包头信息的同时显示包的数据信息。

如果还要显示数据链路层的信息，就使用下面的命令：

./snort -vde

2.数据包记录器

如果要把所有的包记录到硬盘上，需要指定一个日志目录，Snort 就会自动记录数据包：

./snort -dev -l ./log

当然，./log 目录必须存在，否则 Snort 就会报告错误信息并退出。当 Snort 在这种模式下运行，它会记录所有看到的包将其放到一个目录中，这个目录以数据包目的主机的 IP 地址命名，例如：192.168.10.1。

如果你只指定了-l 命令开关，而没有设置目录名，Snort 有时会使用远程主机的 IP 地址作为目录名，有时会使用本地主机 IP 地址作为目录名。为了只对本地网络进行日志记录，需要给出本地网络地址：

./snort -dev -l ./log -h 192.168.1.0/24

这个命令告诉 Snort 把进入 C 类网络 192.168.1 的所有包的数据链路、TCP/IP 以及应用层的数据记录到目录 ./log 中。

如果网络速度很快，或者想使日志更加紧凑以便以后的分析，那么应该使用二进制的日志文件格式。所谓的二进制日志文件格式就是 tcpdump 程序使用的格式。使用下面的命令可以把所有的包记录到一个单一的二进制文件中：

./snort -l ./log -b

注意：此处的命令行和上面有很大不同。我们无须指定本地网络，因为所有的东西都被记录到一个单一的文件。也不必使用冗余模式或者-d、-e 功能选项，因为数据包中的所有内容都会被记录到日志文件中。

可以使用任何支持 tcpdump 二进制格式的嗅探器程序从这个文件中读出数据包，例如：tcpdump 或者 Ethereal。使用-r 功能开关，也能使 Snort 读出包的数据。Snort 在所有运行模式下都能够处理 tcpdump 格式的文件。例如：如果想在嗅探器模式下把一个tcpdump 格式的二进制文件中的包打印到屏幕上，可以输入下面的命令：

./snort -dv -r packet.log

在日志包和入侵检测模式下，通过 BPF(BSD Packet Filter)接口，可以使用许多方式维护日志文件中的数据。例如，你只想从日志文件中提取 ICMP 包，只需要输入下面的命令：

./snort -dvr packet.log icmp

3. 网络入侵检测系统

Snort 最重要的用途还是作为网络入侵检测系统(NIDS)，使用下面命令行可以启动这种模式：

./snort -dev -l ./log -h 192.168.1.0/24 -c snort.conf

snort.conf 是规则集文件。Snort 会对每个包和规则集进行匹配，发现这样的包就采取相应的行动。如果你不指定输出目录，Snort 就输出到/var/log/snort 目录。

注意：如果想长期使用 Snort 作为自己的入侵检测系统，最好不要使用-v 选项。因为使用这个选项，使 Snort 向屏幕上输出一些信息，会大大降低 Snort 的处理速度，从而在向显示器输出的过程中丢弃一些包。

此外，在绝大多数情况下，也没有必要记录数据链路层的包头，所以-e 选项也可以不用：

./snort -d -h 192.168.1.0/24 -l ./log -c snort.conf

这是使用 Snort 作为网络入侵检测系统最基本的形式，日志符合规则的包，以 ASCII形式保存在有层次的目录结构中。

12.5.6　配置 Snort 的输出方式

有很多的方式来配置 Snort 的输出。在默认的情况下，Snort 以 ASCII 格式记录日志，使用 full 报警机制，Snort 会在报头之后打印包头之后打印报警消息。如果不需要日志包，可以使用-N 选项。Snort 有 6 种报警机制：full、fast、socket、syslog、smb 和 none。

其中有 4 个可以在命令行状态下使用-A 选项设置,见表 12-5。

表 12-5 命令行状态说明

编　号	命令行状态	注　释
01	A fast	报警消息包括:一个时间戳、报警消息、源/目的 IP 地址和端口
02	A full	默认的报警方式
03	A unsock	把报警消息发送一个 UNIX 套接字,需要一个程序进行监听,这样可以实现适时的报警
04	A none	关闭报警机制

使用-s 选项可以使 Snort 把报警消息发送到 syslog,默认的设备使 LOG_
AUTHPRIV 和 LOG_ALERT。可以通过 snort. conf 文件修改配置 Snort 还可以使用
smb 报警机制,通过 samba 把消息发送到 Windows 主机,为了使用这个选项,必须在运
行. /configure 脚本时使用-enable-smbalerts 选项。下面是一些输出配置例子。

//使用默认的日志方式并把报警发给 syslog
＃. /snort -e snort. conf -l. /log -s -h 192. 168. 0. 1/24
//使用二进制日志格式和 smb 报警机制
＃. /snort -e snort. conf -b -M WORK - STATIONS

12.5.7　配置 Snort 规则

Snort 最重要的用途是作为网络入侵检测系统,其具有自己的规则语言。从语法上
看,这种规则语言非常简单,但是对于入侵检测来说其足够强大,并且有厂商以及 Linux
爱好者的技术支持。读者只要能够较好地使用这些规则,则将能较好地保证 Linux 网络
系统的安全。下面将介绍 Snort 规则集的配置和使用。

创建 Snort 的配置文件,其实就是把 Snort 的默认配置文件复制到用户的主目录,在
本例中为/home/user1,并作一些修改。

＃cd /home/user1/snort-2.4.0
＃ ls -l snort. conf

12.5.8　编写 Snort 规则

上一小节所讲述的由开发者提供的规则集,当然也可以按照上述步骤自行下载和配
置使用。下面将介绍编写 Snort 规则的基本方法。

Snort 的每条规则都可以分成逻辑上的两个部分:规则头和规则选项。规则头包括
规则动作(rule. action)、协议(protocol)、源/目的 IP 地址、子网掩码以及源/目的端口。
规则选项包含报警消息和异常包的信息(特征码),使用这些特征码来决定是否采取规则
规定的行动。最基本的规则只是包含 4 个域:处理动作、协议、方向、端口。

1. 规则动作

对于匹配特定规则的数据包,Snort 有三种处理动作:pass、log、alert。

(1)pass:放行数据包;

(2)log:把数据包记录到日志文件;

(3)alert:生成报警消息和日志数据包。

2. 协议

每条规则的第二项就是协议项。当前 Snort 能够分析的协议是：TCP、UDP 和 ICMP。将来，可能提供对 ARP、ICRP、GRE、OSPF、RIP、IPX 等协议的支持。

3. IP 地址

规则头下面的部分就是 IP 地址和端口信息。关键词 any 可以用来定义任意的 IP 地址。Snort 不支持对主机名的解析。所以地址只能使用数字/CIDR 的形式。下面例子中/24 表示一个 C 类网络；/16 表示一个 B 类网络；而/32 表示一台特定的主机地址。

192.168.1.0/24 表示从 192.168.1.1 到 192.168.1.255 的地址。

在规则中，可以使用否定操作符（negation operator）对 IP 地址进行操作。它告诉 Snort 除了列出的 IP 地址外，匹配所有的 IP 地址。否定操作符使用"！"表示。

下面这条规则中的 IP 地址表示：所有 IP 源地址不是内部网络的地址，而目的地址是内部网络地址。

alert tcp ! 192.168.1.0/24 any -> 192.168.1.0/24 111(content:"|00 01 86 a5|";msg:"external mountd access") //使用 IP 地址否定操作符的规则

当然也可以定义一个 IP 地址列表（IP list）。IP 地址列表的格式如下所示：

[IP 地址 l/CIDR,IP 地址/CIDR…]

例如下面示例所示。

alert tcp ! [192.168.1.0/24, 10.1.1.1.0/24] any -> [192.168.1.0/24, 10.1.1.1.0/24] 111 (content:"|00 01 86 a5|"; msg:"external mountd access")

4. 端口号

在规则中，可以有几种方式来指定端口号，包括：any、静态端口号（static port）定义、端口范围，以及使用非操作定义。any 表示任意合法的端口号；静态端口号表示单个的端口号，例如：111(portmapper)、23(telnet)、80(http)等。使用范围操作符可以指定端口号范围。有几种方式来使用范围操作符"："达到不同的目的，例如下面示例所示。

//记录来自任何端口，其目的端口号在 1 到 1024 之间的 UDP 数据包

log udp any any->192.168.1.0/24 1:1024

//记录来自任何端口，其目的端几号小于或者等于 600 的 TCP 数据包

log tcp any any->192.168.1.0/24:600

//记录源端口号小于等于 1024，目的端口号大于等于 500 的 TCP 数据包

log tcp any:1024->192.168.1.0/24 500

还可以通过使用逻辑非操作符"！"对端口进行逻辑非操作（port negation）。逻辑非操作符可以用于其他的规则类型（除了 any 类型）。例如，如果要记录除了 X-window 系统端口之外的所有端口，可以使用下面的规则。

log tcp any any->192.168.1.0/24 ! 6000:6010 //对端口进行逻辑非操作

5. 方向操作符（direction operator）

方向操作符"->"表示数据包的流向，它左边是数据包的源地址和源端口，右边是目的地址和端口。此外，还有一个双向操作符"<>"，它使 Snort 对这条规则中两个 IP 地址/端口之间双向的数据传输进行记录分析。

//下面的规则表示对一个 telnet 对话的双向数据传输进行记录

log ! 192.168.1.0/24 any<>192.168.1.0/24 23（使用双向操作符的 Snort 规则）

6. activate/dynamic 规则

activate/dynamic 规则对扩展 Snort 功能使用 activate/dynamic 规则对，能够使用一条规则激活另一条规则。当一条特定的规则启动，如果想要 Snort 接着对符合条件的数据包进行记录时，使用 activate/dynamic 规则对非常方便。除了一个必需的选项 activates 外，激活规则（activate rule）非常类似于报警规则（alert rule），动态规则（dynamic rule）和日志规则（log rule）也很相似，不过它需要一个选项：activatedby。动态规则还需要另一个选项：count。当一个激活规则启动，它就打开由 activate/activated_by 选项之后的数字指示的动态规则，记录 count 个数据包。

下面是一条 activate/dynamic 规则对的规则：

activate tcp $HOME_NET any -> $HOME_NET 143(flagsA；content:"IE8COFFFFFF lOinl；activates：1；<msg:"IMAP buffer overflow！")

（activate/dynamic 规则对）

上述规则使 Snort 在检测到 IMAP 缓冲区溢出时发出报警，并且记录后续的 50 个从 $HOME_NET 之外，发往 $HOME_NET 的 143 号端口的数据包。如果缓冲区溢出成功，那么接下来 50 个发送到这个网络同一个服务端口（这个例子中是 143 号端口）的数据包中，会有很重要的数据，这些数据对以后的分析很有用处。

在 Snort 中有 23 个规则选项关键词，随着 Snort 不断地加入对更多协议的支持以及功能的扩展，会有更多的功能选项加入其中。这些功能选项可以以任意的方式进行组合，对数据包进行分类和检测。现在 Snort 支持的选项包括：msg、logto、ttl、tos、id、ipoption、fragbits、dsize。flags、seq、ack、itype、icode、icmp_id、content、content-list、offset、depth、nocase、season、rpc、resp、reacto。每条规则中，各规则选项之间是逻辑与的关系。只有规则中的所有测试选项（例如，ttl、tos、id、ipoption 等）都为真，Snort 才会采取规则动作。

小 结

本章对网络信息安全的概念进行了讲解，并在此基础上介绍了目前常见的网络攻击方式，同时还介绍了如何通过防火墙和入侵检测系统保护 Linux 系统的信息安全。

实 验 二 防火墙配置

1. 只接收来自指定端口的数据段。
2. （网关）允许转发所有本地 SMTP 服务器的数据包。
3. （网关）允许转发所有到本地的 udp 数据段。
4. 拒绝发往 WWW 服务器的客户端的请求数据段。

练 习

1. 通常 Internet 上存在的安全隐患有（　　）。

A. 网络建立缺乏安全防范措施，没有安装防护设备

B. 系统不完备的安全配置

C. 通信协议上存在的基本安全问题（IP，TCP，UDP 等）

D. 以上都是

2. 安全技术包括（　　）。

A. 防火墙技术　　　　　　　　　　　B. 网络加密

C. 访问控制和鉴别机制　　　　　　　D. 以上都是

3. 网络管理的功能有（　　）。

A. 安全管理和故障管理　　　　　　　B. 计费管理

C. 配置管理　　　　　　　　　　　　D. 以上都是

4. Linux 中，提供 TCP/IP 包过滤功能的软件是（　　）。

A. rarp　　　　　　B. route　　　　　　C. iptables　　　　　　D. filter

5. 以下关于入侵检测系统功能的叙述中，不正确的是（　　）。

A. 保护内部网络免受非法用户的侵入

B. 评估系统关键资源和数据文件的完整性

C. 识别已知的攻击行为

D. 统计分析异常行为

参考文献

[1] 汤子瀛,哲风屏,汤子丹.计算机操作系统[M].4 版.西安:西安电子科技大学出版社,2014.

[2] 张尧学,史美林,张高.计算机操作系统教程[M].北京:清华大学出版社,2006.

[3] 张红光,李福才.UNX 操作系统教程[M].3 版.北京:机械工业出版社,2010.

[4] 孙建华,王宇,杨煦.Linux 网络技术基础[M].北京:机械工业出版社,2008.

[5] 何绍华,臧玮,孟学奇.Linux 操作系统[M].3 版.北京:人民邮电出版社,2017.